饮食智慧丛书

“吃货”的120道美体瘦身菜

主编　王盛才　肖国民

中国医药科技出版社

内 容 提 要

很多人认为，吃的多，脂肪摄入量就多，体重自然会增加。其实，并非如此。蔬菜就可以既解馋、饱腹又塑身防肥胖，多吃点也无妨。而且，只要选对食材和烹饪方法，蔬菜也能成为秀色可餐的饕餮美味。

本书精选了120道蔬菜佳肴，让读者不用节食就可以针对不同部位选择菜谱，达到塑形美体的效果。

图书在版编目（CIP）数据

“吃货”的120道美体瘦身菜 / 王盛才，肖国民主编.中国医药科技出版社，2017.12

（饮食智慧丛书）

ISBN 978-7-5067-9635-4

Ⅰ.①吃…　Ⅱ.①王…②肖…　Ⅲ.①减肥—菜谱　Ⅳ.①TS972.161

中国版本图书馆CIP数据核字（2017）第251370号

美术编辑　陈君杞

版式设计　麦和文化

出版　中国医药科技出版社

地址　北京市海淀区文慧园北路甲 22 号

邮编　100082

电话　发行：010-62227427　邮购：010-62236938

网址　www.cmstp.com

规格　710×1000mm $^{1}/_{16}$

印张　9 $^{1}/_{2}$

字数　144 千字

版次　2017 年 12 月第 1 版

印次　2017 年 12 月第 1 次印刷

印刷　北京盛通印刷股份有限公司

经销　全国各地新华书店

书号　ISBN 978-7-5067-9635-4

定价　29.00 元

编委会

前言

PREFACE

每一个胖子都是“吃货”，但未必每一个“吃货”都是胖子。这说明一个道理：吃，也可以瘦。

科学的减肥方式都会倡导健康饮食先行，而不是一味节食，这也说明轻松享受美食的同时，也可以快乐瘦身。

但如何吃，是一门学问。

众所周知，蔬菜有助于减肥，但吃法不同，发挥的功效也不同。因此，不同种类的蔬菜，花样繁多的吃法，再加之不同食材之间的碰撞组合，让想瘦身的美女们眼花缭乱，无从选择。

而作为胖的罪魁祸首之一——肉类，则更让大家望而生畏。其实，肉类可以保证营养的均衡，特别是对于减肥期间的营养供给尤其重要。我们可以选择优质的脂肪来适量摄入，比如瘦红肉、鸡胸肉、鱼贝类等。

蔬菜、肉类以及其他各类多姿多样的食材，构成我们的主食系统。只有吃好主食，才能保证身体健康，才能健康减肥。

为此，本书特聘请营养学专家及瘦身专家为顾问，倾情奉献 120 道瘦身美食，从食材选择、制作过程、功效、饕餮解读几个方面，详细介绍每一道菜的做法和特色，科学权威、图文并茂、简单易学，详细为你解读吃的学问，帮助你快乐减肥，轻松吃成一个瘦美人。

编　者

2017 年 5 月

目录

CONTENTS

第1章

说说“吃不胖”的那些事儿

第2章

清肠排毒，消除毒素一身轻

第3章 化痰祛湿，赶走肥胖不反弹

第4章 健脾开胃，消化好减肥更轻松

第5章

利水消肿，吃出曼妙身姿

第6章

降压降脂，快速消除赘肉

第7章
抗癌防癌，减肥减不走免疫力

第8章

美容养血，瘦身也有好气色

第 1 章

说说“吃不胖”的那些事儿

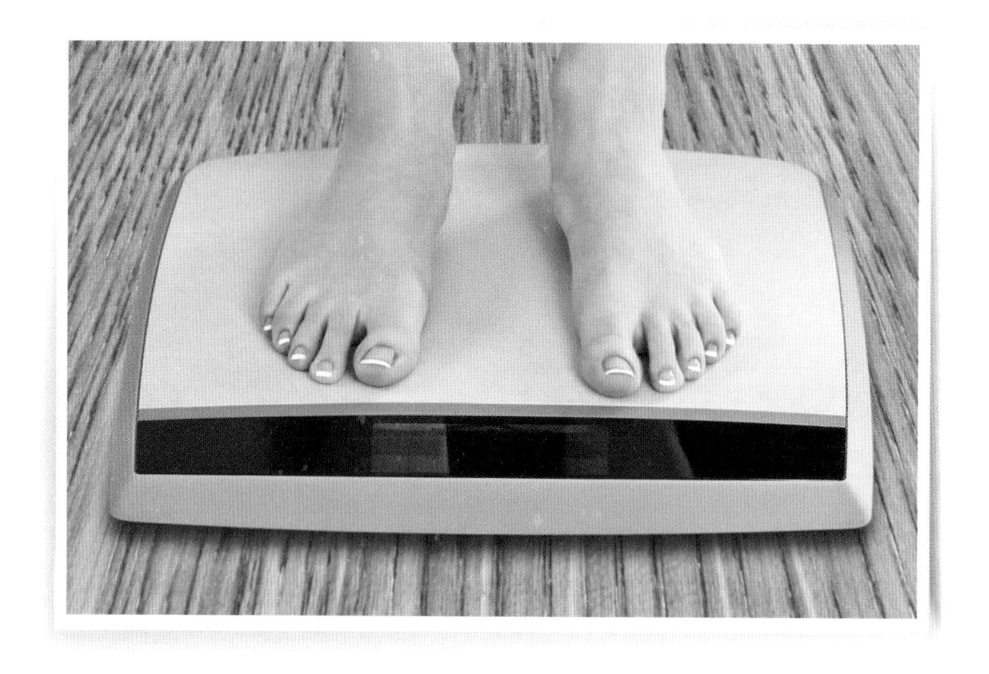

你的体重正常吗

目前国际上普遍采用体重指数（英文为 Body Mass Index，简称 BMI）作为体重是否正常的标准，主要用体重与身高之间的关系来表述。

标准体重的计算方法有多种：

❶ 男性：［身高（厘米）－ 80］×70%= 标准体重（千克）
女性：［身高（厘米）－ 70］×60%= 标准体重（千克）

❷ 男性标准体重（千克）= 身高 −105，女性标准体重（千克）= 身高 −105

❸ 体重指数 BMI = 体重（千克）/ 身高（米）的平方，大于 25 为超重，大于 30 为肥胖。

以上计算方法上下浮动 10% 均为正常范围，超出这个范围则为过胖或者过瘦。

谁是肥胖的罪魁祸首

科学调查表明，饮食不均衡最容易导致肥胖。食物营养结构不合理、饮食时间不规律、烹调方法不科学都是饮食不均衡的体现，因此吃什么、在什么时间吃、怎么吃这些都是很有讲究的。

❶ 平常的食物有四大类：主食类、蛋白质类、蔬菜水果类、油脂类，这些食物有各自的营养素和热量。其中，蔬菜水果类食物热量最低，又富含维生素、矿物质和微量元素、纤维素等物质，能促进脂肪分解代谢，消除脂肪的堆积，有利于预防肥胖的发生，其他三类食物热量较高。在这几种食物中，如果蔬菜水果的比例少，很容易肥胖。所以在平时的饮食中，应多吃蔬菜水果。

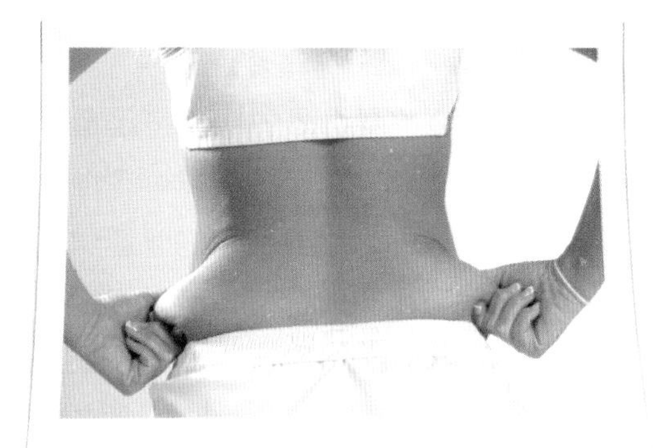

❷ 饮食没有规律或暴饮暴食有可能会引起脂肪代谢紊乱、内分泌异常。因为不按时用餐时，身体本能地感觉到没有安全感，会急着把吃的东西赶快存起来，结果吃一点东西就容易合成脂肪，导致能量大部分被贮存，血糖随之下降，人体很快就感觉到饥饿，食欲再次高涨。因此，随便省略一餐，或者饥一顿饱一顿，不仅不能够减肥，反而更容易让人发胖。另外，饮食不规律还会造成肠胃的消化不良，使得体内的垃圾无法及时排出体外，身体无法排毒，影响脂肪的消耗。

用餐应该定时定量，坚持“早餐吃好、中午吃饱、晚餐吃少”的膳食原则，尤其是晚餐，如果摄入大量的高热量食物，过剩的营养转化成脂肪，也会导致肥胖。

❸ 烹调时应尽量清淡。油炸食物都是高热量、高脂肪，常食容易发胖。咸食、辛辣食物中钠盐含量过高，易使血液中钠离子含量增高，增加心脏负担，导致水肿性肥胖。另外，重口味食物会对味觉进行过度刺激，大量增加食物的摄取量，这些都容易导致热量过剩而转化成脂肪造成肥胖。

蔬菜为什么能排毒、塑形

蔬菜的营养价值很高，不仅如此，吃蔬菜还能起到排毒、塑形的效果。但要想吃得香又吃不胖，还应该清楚蔬菜为什么能塑身，这样才能更好地利用蔬菜来塑造苗条的身形。

① 蔬菜富含膳食纤维

减肥美女钟爱的膳食纤维是一种大分子物质。它是由很多个单糖分子聚合而成的，因为我们的肠道里没有消化酶可以分解它们，所以它们不会被吸收来产生热量。

膳食纤维在通过肠道时会吸收水分而充分膨胀，使得便便的体积变大，变松软，并刺激肠胃蠕动，促进肠道排毒。

膳食纤维分为可溶性和非可溶性两种，可溶性的膳食纤维能溶解在液体中，形成高黏度的物质，这些物质包裹在食物的表面，就能有效地减慢食物在胃里吸收和消化的速度，延长饱腹感，对减肥有很大帮助。

各种蔬菜以及相关制品都含有膳食纤维，例如芹菜、韭菜、大白菜、黄瓜、黄豆等。想怎么吃都不胖、塑身减肥的人每天至少要摄入 30 克的膳食纤维，折合起来，就相当于需要分别吃：1.9 千克红薯、0.2 千克干黄豆、0.4 千克红豆、2.1 千克苹果、1.1 千克梨、1.5 千克菠菜、1.8 千克韭菜。

② 蔬菜富含维生素 C

蔬菜的营养素含量可以直接通过颜色来判断。一般绿色蔬菜和橙黄色蔬菜中含有较多的胡萝卜素，绿叶蔬菜和辣椒富含维生素 C；一般瓜果实类蔬菜中含维生素 C 较少，但是苦瓜例外，苦瓜中的维生素 C 含量可高达 84 毫克 / 百克。

维生素 C 是一种小分子物质。大家都知道它是一种重要的抗衰老营养素，其实，它除了这个功效外，还能塑身减肥。

维生素C本身不能减肥，但是缺少维生素C会影响减肥的效果。近年来科学家发现那些维生素C摄入充足的人，运动的时候消耗燃烧的脂肪比维生素摄入不足的人要多30%。

怎样吃蔬菜能达到“修身”的效果

瘦身美女把蔬菜视为修身减肥的法宝，但是蔬菜的种类繁多，其中也不乏高热量食物，因此对蔬菜的选择很重要。另外，对同一种蔬菜采取不同的烹饪方式，也会影响到减肥的效果。

❶ 蔬菜分为主食蔬菜、耐饿蔬菜、低热量填充蔬菜，其中主食蔬菜的热量最高，应尽量少吃。

（1）主食蔬菜　土豆、红薯、山药、芋头、藕、菱角等。它们中的水淀粉含量较高，甚至能够部分替代米面类主食，虽然富含膳食纤维和维生素，但热量要远高于其他蔬菜。西兰花、菠菜和白菜等非主食类蔬菜烹煮好之后，每杯含有25千卡和5克碳水化合物。但是，甘薯、山药等主食蔬菜煮好了之后，每杯含80千卡和15克碳水化合物，热量是前者的数倍。

（2）耐饿蔬菜　菌类（各种蘑菇、香菇、银耳、黑木耳、竹荪、茯苓、灵芝等），藻类（紫菜、海带、裙带菜、龙须菜、鹿角藻、羊栖菜等），胡萝卜、菜花、豇豆、凉薯、茭白，还有各种

深绿色的叶菜（油麦菜、菜心、小白菜、菠菜、空心菜、木耳菜、芥菜、油菜等），都是纤维高、热量低而且特别能带来饱腹感的蔬菜。它们虽不含水淀粉，却能让人觉得持久不饿，减少热量的摄入。

（3）低热量填充蔬菜　冬瓜、丝瓜、番茄、芹菜、黄瓜、西葫芦、白菜、白萝卜、莴笋、圆白菜等。这类蔬菜水分含量大，热量特别低，即便吃很多，摄入的热量也很低，是很好的减肥佳品。比如，冬瓜能去除身体多余的脂肪和水分，起到减肥的效果；黄瓜有助于抑制各种食物中的碳水化合物在体内转化为脂肪；白萝卜能促进新陈代谢，分解皮下脂肪。

❷ 蔬菜的烹饪方式会直接影响到减肥的效果，应以蒸、白灼、煮汤、快炒、凉拌等方式为主，尽量少油。在烹饪土豆、莲藕等主食类蔬菜时，应切好以后放清水里泡 2 小时，把水淀粉泡净后再进行烹饪，可以大幅度减少热量的摄入。

蔬菜烹饪用什么油好

食用油是我们日常生活中烹饪蔬菜时的必需品，有植物油和动物油之分，其中植物油相对更健康些。但同属于油脂类的它们，都应该尽量少用，毕竟含热量都很高。

众所周知，我们平常食用的动物油含有较多的饱和脂肪酸，饱和脂肪酸可以与胆固醇形成酯，会在动脉血管沉积，导致动脉硬化。而植物油是用植物种仁为原料通过各种压榨技术提炼出来的油。植物油含有丰富的不饱和脂肪酸，这种不饱和脂肪酸被誉为“必需脂肪酸”，在人体内发挥着不可替代的生理作用，是细胞膜和线粒体的重要成分，更是合成某些激素的原料，能促进生长发育，还能促进胆固醇的代谢。

所以，植物油更有利于人体的健康。

但是，植物油和动物油一样，都属于油脂类，含热量较高。如果植物油食用过量，也会发胖。因此，即便用植物油炒菜，绝不能因为比动物油健康而过量用油，而应该尽量清淡少油，尤其尽量避免油炸的烹调方式。

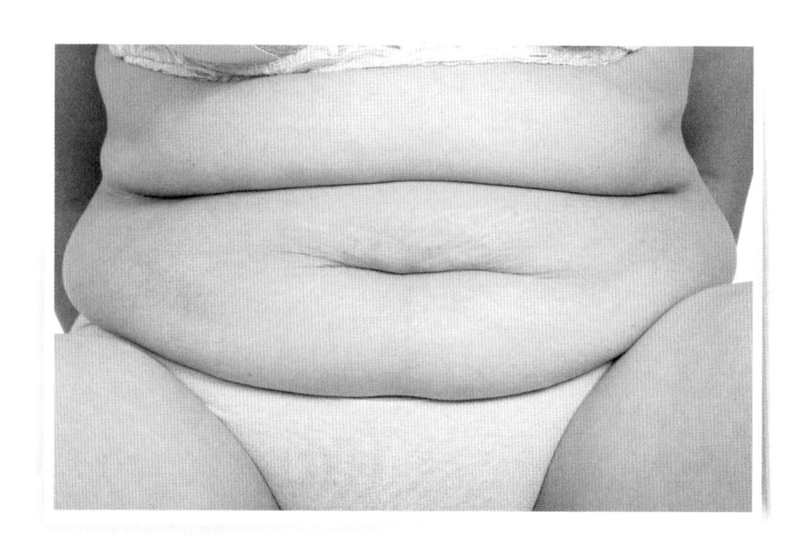

☺ 搭配巧妙，让你“吃”掉多余赘肉

很多人认为，减肥的法宝是少吃或者不吃，其实这是个误区。作为吃货，通过节食来减肥的过程是很痛苦的，我们完全可以有更好的方式，既吃得好、吃得饱，又“吃”得掉多余赘肉。

❶ 食材中应多选择吃蔬菜、水果，少吃肉类，尤其要多吃蔬菜。因为蔬菜含有大量的膳食纤维和维生素 C，能直接或者间接地促进减肥效果。水果也富含膳食纤维和维生素 C，但含糖量较高，所以在减肥效果上，蔬菜是最佳选择。因此，在平时的饮食结构中，以蔬菜为主材。

❷ 肉类食物含有丰富的蛋白质，对人体健康有着很重要的作用，不可不吃。在肉类中，尽量选择鸡胸肉、兔肉、鱼肉这些脂肪含量较低的食物，既能享受美味，又不会发胖。

❸ 配材、调味料和主材合理搭配，既能让菜美味可口，又能减肥。中医学上，葱、姜、蒜属于阳性食物，能增加热量输出，促进新陈代谢。胡椒粉中的胡椒素、辣椒中的辣椒素都可以减缓基因形成脂肪细胞，促进减脂纤体。

如果你在减肥，千万别勉强

减肥已成为一个流行词，但减肥过度对身体的危害性很大，一定要健康减肥。

❶ 过度减肥会导致严重的肠胃病，严重时还会影响到肝、肾、结肠等内脏的功能。

❷ 科学表明，过度节食将导致营养不良，营养不良会导致脱发现象。如果因向往窈窕身材而导致秀发不再，则是得不偿失。

❸ 减肥不当会造成体重反弹，体重不稳定对健康存在极大的威胁，胃下垂、结核病、肝炎等的发病风险较高。

❹ 女孩青春期过度减肥可能导致闭经或者月经紊乱，生育期减肥不当可能导致不孕。

第 2 章

清肠排毒，消除毒素一身轻

1 春笋豌豆炒香干

易操作指数 ★★★★

食材选择

春笋300克，豌豆100克，香干2块，食用油、精盐、鸡精、葱、姜、蒜、生抽、蚝油、白糖各适量。

制作过程

01 春笋去壳切成薄片。豌豆洗净备用。香干洗净切成薄片。

02 锅内放水烧热，加入少量食用油、精盐，倒入春笋、豌豆稍烫片刻，捞出用冷水过凉，沥干备用。

03 炒锅放油烧热，放葱花、蒜末、姜片爆香，倒入香干翻炒到微焦，加入笋片、豌豆翻炒片刻，再加入精盐、鸡精、生抽、蚝油调味即可。

功　　效

清肠排毒，减脂纤体。

饕餮解读

竹笋的主要成分是纤维素，能吸附大量的油脂，清除体内脂肪，还可以清除体内的腐败物质，兼有洗肠的功效。

豌豆富含赖氨酸、止杈酸、赤霉素和植物凝素等物质，能抗菌消炎，增强新陈代谢；并且含有丰富的膳食纤维，能促进大肠蠕动，消脂通便。

2 香菜豆芽拌黄瓜丝

易操作指数 ★★★★★

食材选择

豆芽100克，黄瓜1根，香菜50克，食用油、精盐、醋、白糖、香油、鸡精各适量。

制作过程

01 豆芽洗净去头尾，沥干备用。黄瓜洗净切成丝。香菜洗净切成段。

02 锅内倒水烧开，加入少量食用油、精盐，将豆芽焯熟，盛出用冷水冲凉，沥干装盘，再把黄瓜丝、香菜码在上面。

03 碗内加入精盐、醋、白糖、香油、鸡精，搅拌均匀，淋在菜上，再拌匀即可。

功　　效

清肠排毒，减脂纤体。

饕餮解读

黄瓜富含维生素C、胡萝卜素、丙醇二酸及钙、磷、铁等矿物质元素，丙醇二酸能抑制糖类物质转化为脂肪。黄瓜中还含有丰富的纤维素，能促进肠道蠕动、加快排泄和降低胆固醇。

豆芽含水分多，热量少，不易形成皮下脂肪堆积，含有的纤维素能促进肠道蠕动，消脂通便。

3 炝拌空心菜粉丝

易操作指数 ★★★★★

食材选择 空心菜300克，粉丝50克，食用油、精盐、葱、蒜、醋、白糖、香油、鸡精、干辣椒、花椒、生抽各适量。

制作过程

01 粉丝用温水泡发，切成长段。空心菜洗净切成长段。

02 锅内倒水烧开，加入少量食用油、精盐，分别将空心菜、粉丝烫一下，盛出用冷水冲凉，沥干装盘。

03 锅内放油烧热，放入干辣椒、花椒煸出香味后捞出不用，再放入葱花、蒜末爆香后关火。

04 碗内放入精盐、白糖、醋、鸡精、生抽，再倒入凉好的椒油，搅拌均匀，淋在盘中，再拌匀即可。

功　　效 清肠排毒，减脂纤体。

饕餮解读 空心菜含有丰富的木质素、果胶、维生素C、胡萝卜素和大量的粗纤维。木质素能提高巨噬细胞吞噬细胞的活力，杀菌消炎。果胶能使体内有毒物质加速排泄，促进排毒。粗纤维能促进肠道蠕动，减脂纤体。

4 圆白菜姜汁拌牛百叶

易操作指数 ★★★★★

食材选择

圆白菜200克，生姜1块，牛百叶100克，食用油、精盐、葱、蒜、生抽、辣椒油、花椒油、鸡精各适量。

制作过程

01 圆白菜洗净撕成小块。生姜去皮洗净，剁成姜泥。牛百叶洗净切成小条。

02 锅中放水烧开，放入少量食用油、精盐，倒入圆白菜、牛百叶焯熟，捞出用冷水冲凉码在盘中，并放上姜泥。

03 小碗中放入精盐、葱末、蒜末、生抽、辣椒油、花椒油、鸡精，搅拌均匀，淋在盘中，再拌匀即可。

功　　效

减脂纤体，清肠排毒。

饕餮解读

圆白菜含有很高的膳食纤维、维生素C，并含有丰富的果胶及粗纤维。维生素C可以缓解感冒症状、消除疲劳。果胶及粗纤维能结合并阻止肠内毒素的吸收，促进排毒，并有防癌抗癌作用。圆白菜和大蒜一起搭配，能够促进肠胃的蠕动，瘦身减肥。

生姜含有纤维素、矿物质以及姜醇、姜油萜、姜烯、水芹烯、柠檬醛、芳香油等油性挥发物，能解毒杀菌。

彩椒腐竹拌竹笋

易操作指数 ★★★★

食材选择

腐竹200克，竹笋200克，红彩椒（红柿子椒）半个，食用油、精盐、醋、白糖、香油、鸡精各适量。

制作过程

01 腐竹用温水泡发，切成小段。竹笋去壳洗净切成小条。红彩椒洗净后撕成小条。

02 锅内倒水烧开，加入少量食用油、精盐，分别将腐竹、竹笋烫一下，盛出用冷水冲凉，沥干装盘。

03 碗内加入精盐、醋、白糖、香油、鸡精，搅拌均匀。将红彩椒码在腐竹和竹笋上，把兑好的调味汁淋在菜上，拌匀即可。

功　　效

清肠排毒，减脂纤体。

饕餮解读

腐竹富含蛋白质、卵磷脂、铁以及其他多种矿物质元素。卵磷脂能除掉附在血管壁上的胆固醇，有减脂功效。

竹笋的主要成分是纤维素，能吸附大量的油脂，清除体内脂肪，还可以清除体内的腐败物质，兼有洗肠排毒的功效。

6 丝瓜双耳拌鸡丁

易操作指数 ★★★★★

食材选择

丝瓜1根，黑木耳5克，银耳5克，鸡胸肉50克，食用油、精盐、葱、蒜、干辣椒、花椒、生抽、醋、鸡精、白糖各适量。

制作过程

01 丝瓜去皮切成滚刀状。黑木耳、银耳分别用温水泡发，洗净后撕成小块。鸡胸肉切成小丁。

02 锅内放水烧热，加入少量食用油、精盐，倒入黑木耳、银耳焯2分钟，再放入丝瓜、鸡丁，焯熟后捞出，用冷水过凉，沥干码在盘中。

03 锅内放油烧热，放入干辣椒、花椒煸出香味后捞出不用，再放入葱花、蒜末爆香后关火。

04 碗内放入精盐、白糖、醋、鸡精、生抽，再倒入凉好的椒油，搅拌均匀，淋在盘中，再拌匀即可。

功　　效

清肠排毒，减脂纤体。

饕餮解读

丝瓜营养丰富，含有丰富的蛋白质、脂肪、碳水化合物、粗纤维、瓜氨酸、维生素C和多种矿物质，还含有人参中所含的成分——皂苷。粗纤维能刺激肠胃蠕动，促进肠道排毒，减脂纤体。维生素C摄入充足，运动的时候可以加速脂肪的消耗燃烧，提升减肥效果。

白菜扒竹荪

易操作指数 ★★★★

食材选择 大白菜300克，竹荪20克，食用油、精盐、鸡精、奶酪、葱、姜、胡椒粉、水淀粉各适量。

制作过程

01 竹荪用温水泡开，洗净切成段。白菜洗净撕成小条。

02 炒锅放油烧热，用葱花、姜片炝锅，放入白菜翻炒片刻，加入竹荪同炒半分钟，放入奶酪、水，小火焖熟，再加入精盐、鸡精、胡椒粉调味，用水淀粉勾薄芡淋上，芡煮沸即可。

功　　效 清肠排毒，减脂纤体。

饕餮解读

大白菜含有丰富的粗纤维和维生素C以及钙、磷、铁、锌等多种矿物质元素。粗纤维能促进肠壁蠕动，稀释肠道毒素，帮助排毒减脂。维生素C以及钙、磷、铁、锌等多种矿物质元素能提高人体免疫力，强身健体。

竹荪含有丰富的纤维素，能消除腹壁贮存的脂肪，消脂减肥。

8 丝瓜草菇

易操作指数 ★★★★

食材选择

丝瓜1根，草菇200克，食用油、精盐、葱、姜、蒜、鸡精、水淀粉各适量。

制作过程

01 丝瓜去皮切成滚刀块。草菇洗净后切成小块。

02 锅内放水烧热，加入少量食用油、精盐，倒入草菇焯至八成熟，捞出用冷水过凉，沥干备用。

03 锅内放油烧热，放入葱末、蒜末、姜片爆香，倒入丝瓜翻炒片刻，再加入草菇继续翻炒至熟，加精盐、鸡精调味，用水淀粉勾薄芡淋上，芡煮沸即可。

功　　效

清肠排毒，减脂纤体。

饕餮解读

丝瓜营养丰富，含有丰富的蛋白质、脂肪、碳水化合物、粗纤维、瓜氨酸、维生素C和多种矿物质，还含有人参中所含的成分——皂苷。粗纤维能刺激肠胃蠕动，促进肠道排毒，减脂纤体。维生素C摄入充足，运动的时候可以加速脂肪的消耗燃烧，提升减肥效果。

草菇富含磷、钾等多种矿物质元素，含有丰富的纤维素，能促进肠道蠕动，消脂通便。

炝拌蘑菇双耳

易操作指数 ★★★★

食材选择

蘑菇200克，黑木耳5克，银耳5克，食用油、精盐、葱、蒜、干辣椒、花椒、生抽、醋、鸡精、白糖各适量。

制作过程

01 蘑菇洗净撕成小条。黑木耳、银耳分别用温水泡发，洗净后撕成小块。

02 锅内放水烧热，加入少量食用油、精盐，倒入黑木耳、银耳焯2分钟，再将蘑菇焯熟，捞出用冷水过凉，沥干码在盘中。

03 锅内放油烧热，放入干辣椒、花椒煸出香味后捞出不用，再放入葱花、蒜末爆香后关火。

04 碗内放入精盐、白糖、醋、鸡精、生抽，再倒入凉好的椒油，搅拌均匀后淋在盘中，再拌匀即可。

功　　效

清肠排毒，减脂纤体。

饕餮解读

蘑菇含有丰富的蛋白质、氨基酸、膳食纤维和矿物质等。可溶性膳食纤维能溶解在液体中，形成高黏度的物质，包裹在食物的表面，能有效地减慢食物在胃里吸收和消化的速度，延长饱腹感，对减肥有很大帮助。

豆芽韭菜拌豆腐丝

易操作指数 ★★★★★

食材选择

豆芽 100 克，韭菜 200 克，豆腐皮 50 克，食用油、精盐、醋、白糖、香油、鸡精各适量。

制作过程

01 豆芽洗净去头尾，沥干备用。韭菜洗净切成段。豆腐皮洗净切成丝。

02 锅内倒水烧开，加入少量食用油、精盐，分别将豆芽、韭菜、豆腐丝焯熟，盛出用冷水冲凉，沥干装盘。

03 碗内加入精盐、醋、白糖、香油、鸡精，搅拌均匀。把兑好的调味汁淋在菜上，拌匀即可。

功　　效

清肠排毒，减脂纤体。

饕餮解读

韭菜富含丰富的粗纤维、胡萝卜素、维生素 C、挥发性精油、含硫化合物以及多种矿物质。粗纤维能增强肠胃蠕动，促进新陈代谢，并能排除肠道中过多的成分而减肥。挥发性精油及含硫化合物能降低血脂，并有杀菌功效。

豆芽含水分多，热量少，不易形成皮下脂肪堆积，含有的纤维素能促进肠道蠕动，消脂通便。

尖椒银芽拌空心菜梗

易操作指数 ★★★★★

食材选择

豆芽 100 克，空心菜 200 克，尖椒 1 个，食用油、精盐、醋、白糖、香油、鸡精各适量。

制作过程

01 豆芽洗净去头尾，沥干备用。空心菜去叶留梗，洗净后切成段。尖椒洗净切成丝。

02 锅内倒水烧开，加入少量食用油、精盐，分别将豆芽、空心菜梗焯熟，盛出用冷水冲凉沥干装盘，把尖椒码在上面。

03 碗内加入精盐、醋、白糖、香油、鸡精，搅拌均匀。把兑好的调味汁淋在菜上，拌匀即可。

功　效

清肠排毒，减脂纤体。

饕餮解读

空心菜含有丰富的木质素、果胶、维生素 C、胡萝卜素和大量的粗纤维。木质素可以提高巨噬细胞吞噬细胞的活力，杀菌消炎。果胶可以使体内有毒物质加速排泄，促进排毒。粗纤维能促进肠道蠕动，减脂纤体。

豆芽含水分多，热量少，不易形成皮下脂肪堆积，含有的纤维素能促进肠道蠕动，消脂通便。

12 丝瓜银耳烩干贝

易操作指数 ★★★★

食材选择

丝瓜 1 根，干贝 50 克，银耳 5 克，食用油、精盐、葱、姜、料酒、生抽、鸡精、胡椒粉、水淀粉各适量。

制作过程

01 丝瓜去皮，洗净切成滚刀块。干贝用温水泡发，再用蒸锅大火蒸熟后撕成丝状。银耳用温水泡发后撕成小朵。

02 锅内放水烧热，加入少量食用油、精盐，倒入丝瓜焯 1 分钟，捞出用冷水过凉，沥干备用。

03 炒锅放油烧热，爆香葱、姜，放入丝瓜翻炒片刻，加入半碗水，再倒入干贝、银耳，大火煮开后再小火焖 5 分钟，加入精盐、料酒、生抽、鸡精、胡椒粉调味，用水淀粉勾薄芡，芡煮沸即可。

功　　效

清肠排毒，减脂纤体。

饕餮解读

丝瓜营养丰富，含有丰富的蛋白质、脂肪、碳水化合物、粗纤维、瓜氨酸、维生素 C 和多种矿物质，还含有人参中所含的成分——皂苷。粗纤维能刺激肠胃蠕动，促进肠道排毒，减脂纤体。维生素 C 摄入充足，运动的时候可以加速脂肪的消耗燃烧，提升减肥效果。

银耳富含维生素 D、海藻糖、氨基酸、膳食纤维以及多种矿物质，膳食纤维能减少脂肪的吸收。

13 笋丁毛豆香干

易操作指数 ★★★★★

食材选择 冬笋 100 克，毛豆 100 克，香干 4 块，食用油、精盐、葱、蒜、生抽、蚝油、豆瓣酱各适量。

制作过程

01 冬笋去壳洗净切成丁。毛豆洗净沥干。香干洗净切成丁。

02 锅内放水烧热，加入少量食用油、精盐，分别倒入冬笋、毛豆焯至断生，捞出用冷水过凉，沥干备用。

03 锅内放油烧热，放入葱花、蒜末爆香，下入香干翻炒至微焦，再倒入笋丁、毛豆旺火翻炒片刻，最后再加入精盐、生抽、蚝油、豆瓣酱调味，即可装盘。

功　　效 清肠排毒，减脂纤体。

饕餮解读

竹笋的成分主要是纤维素，能吸附大量的油脂，清除体内脂肪，还可以清除体内的腐败物质，兼有洗肠的功效。

香干营养丰富，含有大量蛋白质、碳水化合物，还含有钙、磷、铁等多种矿物质元素。

毛豆含有丰富的维生素、胡萝卜素、膳食纤维和多种矿物质。膳食纤维能刺激肠胃蠕动，促进肠道排毒，减脂纤体。

14 大白菜汤

易操作指数 ★★★★★

食材选择

大白菜200克，虾皮5克，鸡蛋1个，食用油、精盐、葱、姜、鸡精、香菜各适量。

制作过程

01 大白菜洗净，用手撕成小块备用。虾皮放入碗中泡洗干净，捞出备用。鸡蛋打散搅匀。

02 炒锅放油，油热后放入葱、姜爆香，加入两碗水烧开，放入白菜、虾皮。白菜煮软后，放入鸡蛋液煮沸，再加入精盐、鸡精、香菜调味，即可食用。

功　　效

排毒减肥，强身健体。

饕餮解读

大白菜含有丰富的粗纤维和维生素C以及钙、磷、铁、锌等多种矿物质元素。粗纤维能促进肠壁蠕动，稀释肠道毒素，帮助排毒减脂。维生素C以及钙、磷、铁、锌等多种矿物质元素能提高人体免疫力，强身健体。

15 竹笋干贝火腿丁

易操作指数 ★★★★

食材选择

竹笋300克，干贝50克，火腿50克，食用油、精盐、葱、姜、料酒、生抽、鸡精、胡椒粉、水淀粉各适量。

制作过程

01 竹笋去壳洗净切成片。干贝用温水泡发，用蒸锅大火蒸熟，放凉撕成丝状。火腿洗净切成小丁。

02 锅内放水烧热，加入少量食用油、精盐，倒入竹笋烫一下，捞出用冷水过凉，沥干备用。

03 炒锅放油烧热，爆香葱、姜，倒入竹笋翻炒片刻，加入半碗水，再倒入干贝、火腿丁，大火煮开后再小火焖5分钟，加入精盐、料酒、生抽、鸡精、胡椒粉调味，用水淀粉勾薄芡，芡煮沸即可。

功　　效

清肠排毒，减脂纤体。

饕餮解读

竹笋的主要成分是纤维素，能吸附大量的油脂，清除体内脂肪，还可以清除体内的腐败物质，兼有洗肠的功效。

16 白菜蘑菇豆腐汤

易操作指数 ★★★★★

食材选择 大白菜200克，蘑菇200克，豆腐100克，食用油、精盐、葱、姜、蒜、鸡精、胡椒粉、香菜各适量。

制作过程

01 大白菜洗净，将白菜帮和叶分别切成块。蘑菇洗净撕成条状。豆腐切成小块。

02 锅内放油烧热，放入葱末、蒜末、姜片爆香，加适量水煮开。水开后，先放入蘑菇、豆腐和白菜帮，待菜软后再加入白菜叶煮2分钟，加入精盐、鸡精、胡椒粉调味，出锅时再洒少许香菜末。

功　　效 清肠排毒，减脂纤体。

饕餮解读

大白菜含有丰富的粗纤维和维生素C以及钙、磷、铁、锌等多种矿物质元素。粗纤维能促进肠壁蠕动，稀释肠道毒素，帮助排毒减脂。维生素C以及钙、磷、铁、锌等多种矿物质元素能提高人体免疫力，强身健体。

蘑菇含有丰富的蛋白质、氨基酸、膳食纤维和矿物质等。可溶性膳食纤维能溶解在液体中，形成高黏度的物质，包裹在食物的表面，能有效地减慢食物在胃里吸收和消化的速度，延长饱腹感，对减肥有很大帮助。

丝瓜扒竹荪

易操作指数 ★★★★

食材选择

丝瓜300克，竹荪20克，食用油、精盐、鸡精、奶酪、葱、姜、胡椒粉、水淀粉各适量。

制作过程

01 竹荪用温水泡开，洗净切成段。丝瓜削皮洗净，切成滚刀块状。

02 炒锅放油烧热，用葱花、姜片炝锅，放入丝瓜翻炒片刻，加入竹荪同炒半分钟，放入奶酪、水小火焖熟，再加入精盐、鸡精、胡椒粉调味，用水淀粉勾薄芡淋上，芡煮沸即可。

功　　效

清肠排毒，减脂纤体。

饕餮解读

丝瓜营养丰富，含有丰富的蛋白质、脂肪、碳水化合物、粗纤维、瓜氨酸、维生素C和多种矿物质，还含有人参中所含的成分——皂苷。粗纤维能刺激肠胃蠕动，促进肠道排毒，减脂纤体。维生素C摄入充足，运动的时候可以加速脂肪的消耗燃烧，提升减肥效果。

竹荪能消炎抗菌，并对女性月经不调有疗效。

18 桂花丝瓜

易操作指数 ★★★★★

食材选择 丝瓜400克，食用油、精盐、葱、姜、糖桂花、水淀粉各适量。

制作过程

01 丝瓜削皮洗净，切成滚刀块状。

02 炒锅放油烧热，用葱花、姜片炝锅，倒入丝瓜翻炒至八成熟，加入糖桂花同炒半分钟，放入少许水焖熟，再加入精盐调味，最后用水淀粉勾薄芡淋上，芡煮沸即可。

功　效 清肠排毒，减脂纤体。

饕餮解读 丝瓜营养丰富，含有丰富的蛋白质、脂肪、碳水化合物、粗纤维、瓜氨酸、维生素C和多种矿物质，还含有人参中所含的成分——皂苷。粗纤维能刺激肠胃蠕动，促进肠道排毒，减脂纤体。维生素C摄入充足，运动的时候可以加速脂肪的消耗燃烧，提升减肥效果。

第3章

化痰祛湿，赶走肥胖不反弹

19 白萝卜豆腐

易操作指数 ★★★★★

食材选择

白萝卜 200 克，嫩豆腐 150 克，食用油、精盐、鸡精、水淀粉、葱、香菜、八角、香油、蚝油各适量。

制作过程

01 锅内放水烧开，将豆腐放锅内烫半分钟，捞出切成薄片。白萝卜去皮洗净，切成薄片。

02 锅内放油烧热，放入葱段爆香，下入白萝卜片翻炒 2 分钟，轻放入豆腐、八角，加少许水，旺火烧开后转小火煮至萝卜片酥软，加入精盐、鸡精、蚝油调味，用水淀粉勾薄芡，煮沸，再放入香菜末，淋上香油，装盘盛出。

功　　效

顺气化痰，消食减肥。

饕餮解读

白萝卜有化痰的功效，并且含有多种微量元素、芥子油和膳食纤维、消化酵素。芥子油和膳食纤维可促进胃肠蠕动，有助于体内废物的排出。消化酵素可以帮助消化，含有的辛辣成分可以将活性酸素（活性氧）从体内去除，减少脂肪。

20 南乳萝卜片

易操作指数 ★★★★★

食材选择

白萝卜 300 克，红腐乳 2 块，食用油、精盐、葱、蒜、鸡精、生抽、白糖各适量。

制作过程

01 白萝卜洗净切薄片。小碗放入红腐乳，放少许水，用勺子压碎腐乳调成腐乳汁。

02 锅内放油烧热，放入葱末、蒜末爆香，倒入萝卜片翻炒片刻，加入腐乳汁和适量水，大火烧开后转小火将萝卜煮至熟软，加入鸡精、生抽、白糖、少量精盐调味，炒匀即可。

功　　效

除痰润肺，减脂纤体。

饕餮解读

白萝卜含有多种微量元素、芥子油和膳食纤维、消化酵素，有化痰、下气的功效。芥子油和膳食纤维可促进胃肠蠕动，有助于体内废物的排出。消化酵素可以帮助消化，含有的辛辣成分可以将活性酸素（活性氧）从体内去除，减少脂肪。

豆芽拌白萝卜

易操作指数 ★★★★

食材选择

豆芽 100 克，白萝卜 200 克，红、黄彩椒适量，食用油、精盐、醋、白糖、香油、鸡精各适量。

制作过程

01 豆芽洗净去头尾，沥干备用。白萝卜洗净切成丝。红、黄彩椒洗净后撕成小条。

02 锅内倒水烧开，加入少量食用油、精盐，分别将豆芽、白萝卜丝焯熟，盛出用冷水冲凉，沥干装盘，把红、黄彩椒码在上面。

03 碗内加入精盐、醋、白糖、香油、鸡精，搅拌均匀。把兑好的调味汁淋在菜上，拌匀即可。

功　　效

化痰下气，减脂纤体。

饕餮解读

白萝卜含有多种微量元素、芥子油和膳食纤维、消化酵素，有化痰下气的功效。芥子油和膳食纤维可促进胃肠蠕动，有助于体内废物的排出。消化酵素可以帮助消化，含有的辛辣成分可以将活性酸素（活性氧）从体内去除，减少脂肪。

豆芽含水分多，热量少，不易形成皮下脂肪堆积，含有的纤维素能促进肠道蠕动，消脂通便。

22 白萝卜扒竹荪

易操作指数 ★★★

食材选择 白萝卜300克，竹荪20克，食用油、精盐、鸡精、奶酪、葱、姜、胡椒粉、水淀粉各适量。

制作过程

01 竹荪用温水泡开，洗净切成段。白萝卜洗净切成厚片。

02 炒锅放油烧热，用葱花、姜片炝锅，再放入萝卜翻炒片刻，加入竹荪同炒半分钟，放入奶酪、水小火焖熟，加入精盐、鸡精、胡椒粉调味，用水淀粉勾薄芡淋上，芡煮沸即可。

功　　效 化痰下气，减脂纤体。

饕餮解读

白萝卜有多种微量元素、芥子油和膳食纤维、消化酵素，有化痰下气的功效。芥子油和膳食纤维可促进胃肠蠕动，有助于体内废物的排出。消化酵素可以帮助消化，含有的辛辣成分可以将活性酸素（活性氧）从体内去除，减少脂肪。

竹荪含有丰富的纤维素，能消除腹壁脂肪的贮存，消脂减肥。

白萝卜拌双耳

易操作指数 ★★★★★

食材选择

白萝卜200克，黑木耳5克，银耳5克，食用油、精盐、葱、蒜、干辣椒、花椒、生抽、醋、鸡精、白糖各适量。

制作过程

01 白萝卜洗净切成丝。黑木耳、银耳分别用温水泡发，洗净后撕成小块。

02 锅内放水烧热，加入少量食用油、精盐，倒入黑木耳、银耳焯2分钟，再放入萝卜丝烫一下，捞出用冷水过凉，沥干码在盘中。

03 锅内放油烧热，放入干辣椒、花椒煸出香味，将其捞出不用，再放入葱花、蒜末爆香后关火。

04 碗内放入精盐、白糖、醋、鸡精、生抽，再倒入凉好的椒油，搅拌均匀后淋在盘中，拌匀即可。

功　　效

下气化痰，减脂纤体。

饕餮解读

白萝卜含有多种微量元素、芥子油和膳食纤维、消化酵素，有化痰下气的功效。芥子油和膳食纤维可促进胃肠蠕动，有助于体内废物的排出。消化酵素可以帮助消化，含有的辛辣成分可以将活性酸素（活性氧）从体内去除，减少脂肪。

银耳富含维生素D、海藻糖、氨基酸、膳食纤维以及多种矿物质，膳食纤维能减少脂肪的吸收。

24 丝瓜百合薏米汤

易操作指数 ★★★★

食材选择

丝瓜 300 克，新鲜百合 150 克，薏米 50 克，食用油、精盐、葱、姜、鸡精、香油各适量。

制作过程

01 丝瓜去皮切成滚刀块。百合掰成小瓣洗净待用。薏米用水泡 1 小时。

02 炒锅倒油烧热，放入葱、姜爆香，下入丝瓜煸出香味，倒入适量水烧开后，加入百合、薏米，大火烧开后再小火煮 1 小时，加入精盐、鸡精、香油调味。

功　　效

健脾祛湿，减脂纤体。

饕餮解读

丝瓜营养丰富，含有丰富的蛋白质、脂肪、碳水化合物、粗纤维、瓜氨酸、维生素C和多种矿物质，还含有人参中所含的成分——皂苷。粗纤维能刺激肠胃蠕动，促进肠道排毒，减脂纤体。维生素 C 摄入充足，运动的时候可以加速脂肪的消耗燃烧，提升减肥效果。

薏米有健脾祛湿的功效，而且低脂、低热量，是减肥时期的最佳主食。

百合主要含生物素、秋水仙碱以及多种微量元素。秋水仙碱对免疫抑制剂环磷酰胺引起的白细胞减少症有预防作用，能升高血细胞，防癌抗癌。

25 白萝卜蘑菇绿豆汤

易操作指数 ★★★★

食材选择

白萝卜200克，蘑菇200克，绿豆30克，五花肉50克，食用油、精盐、葱、姜、鸡精、生抽、蚝油、胡椒粉、香菜各适量。

制作过程

01 白萝卜洗净切成薄片。蘑菇洗净撕成条状。五花肉剁成肉末，用生抽、蚝油腌10分钟。绿豆用水泡1小时。

02 锅内放油烧热，放入葱末、姜末爆香，倒入肉末炒出香味，加入萝卜片翻炒至塌软，放入绿豆，倒适量水旺火烧开后转小火煮1小时，加入蘑菇炖至蘑菇熟软，放精盐、鸡精、胡椒粉调味，出锅时再洒少许香菜末。

功　效

化痰下气，减脂纤体。

饕餮解读

白萝卜有化痰下气的作用，并且含有多种微量元素、芥子油和膳食纤维、消化酵素。芥子油和膳食纤维可促进胃肠蠕动，有助于体内废物的排出。消化酵素可以帮助消化，含有的辛辣成分可以将活性酸素（活性氧）从体内去除，减少脂肪。

蘑菇含有丰富的蛋白质、氨基酸、膳食纤维和矿物质等。可溶性膳食纤维能溶解在液体中，形成高黏度的物质，包裹在食物的表面，能有效地减慢食物在胃里吸收和消化的速度，延长饱腹感，对减肥有很大帮助。

26 金汤素燕

易操作指数 ★★★

食材选择 白萝卜 500 克，南瓜 100 克，食用油、高汤、精盐、葱、胡椒粉各适量。

制作过程

01 白萝卜洗净切成细丝，在清水中浸泡 10 分钟，捞出沥干备用。

02 锅内放水烧热，加入少量食用油、精盐，倒入萝卜丝焯半分钟，捞出用冷水过凉，沥干备用。

03 南瓜洗净去皮切块，加入高汤煮开后，用勺子将南瓜压成南瓜泥，和着高汤搅成南瓜糊，加精盐、葱花、胡椒粉调味。再将南瓜糊倒入浅盆中，倒入萝卜丝拌匀即可。

功　　效 减脂纤体，化痰下气。

饕餮解读 萝卜有化痰下气的功效，并含有多种微量元素、芥子油和膳食纤维、消化酵素。芥子油和膳食纤维可促进胃肠蠕动，有助于体内废物的排出。消化酵素可以帮助消化，含有的辛辣成分可以将活性酸素（活性氧）从体内去除，减少脂肪。

蒜香萝卜黄瓜丝

易操作指数 ★★★★★

食材选择

白萝卜200克，黄瓜200克，大蒜1头，食用油、精盐、醋、白糖、鸡精、干辣椒、花椒各适量。

制作过程

01 白萝卜、黄瓜分别洗净切成丝，并各用少量精盐腌10分钟。大蒜拍成末。

02 炒锅放油烧热，放入干辣椒、花椒爆香后捞出不用。

03 将腌渍过的白萝卜和黄瓜丝洗净沥干，一起码在盘中，再码上蒜末，浇上刚炸好的热椒油，最后再加入少量精盐、醋、白糖、鸡精调味，拌匀即可。

功　　效

减脂纤体，化痰下气。

饕餮解读

白萝卜有化痰下气的功效，还含有多种微量元素、芥子油和膳食纤维、消化酵素。芥子油和膳食纤维可促进胃肠蠕动，有助于体内废物的排出。消化酵素可以帮助消化，含有的辛辣成分可以将活性酸素（活性氧）从体内去除，减少脂肪。

黄瓜富含维生素C、胡萝卜素、丙醇二酸及钙、磷、铁等矿物质元素，其中丙醇二酸能抑制糖类物质转化为脂肪。黄瓜中还含有丰富的纤维素，能促进肠道蠕动、加快排泄和降低胆固醇。

28 荸荠丝瓜汤

易操作指数 ★★★★

食材选择 丝瓜 1 根，荸荠 100 克，五花肉 50 克，食用油、精盐、葱、姜、鸡精、蚝油、白糖、胡椒粉、香菜各适量。

制作过程

01 荸荠洗净去皮切成丁。丝瓜洗净切成滚刀状。五花肉剁成肉末，用蚝油、白糖抓匀。

02 锅内放油烧热，放入葱末、姜片爆香，倒入肉末翻炒出香味，倒入丝瓜翻炒片刻，加入适量水烧开，放入荸荠，大火烧开后小火煮 5 分钟，加入精盐、鸡精、胡椒粉调味，最后再洒些香菜末，即可盛出。

功　　效 化痰利湿，减脂纤体。

饕餮解读 丝瓜营养丰富，含有丰富的蛋白质、脂肪、碳水化合物、粗纤维、瓜氨酸、维生素 C 和多种矿物质，还含有人参中所含的成分——皂苷。粗纤维能刺激肠胃蠕动，促进肠道排毒，减脂纤体。维生素 C 摄入充足，运动的时候可以加速脂肪的消耗燃烧，提升减肥效果。

荸荠能清热生津，化痰利湿，消食除胀。

荸荠玉米汤

易操作指数 ★★★★★

食材选择

玉米 1 根，荸荠 100 克，五花肉 50 克，食用油、精盐、葱、姜、鸡精、生抽、蚝油、白糖、胡椒粉、香菜各适量。

制作过程

01 荸荠洗净去皮切成丁。玉米洗净掰下玉米粒。五花肉剁成肉末，用蚝油、白糖抓匀。

02 锅内放油烧热，放入葱末、姜片爆香，倒入肉末翻炒出香味，倒入玉米粒翻炒片刻，加入适量水烧开，再放入荸荠，大火烧开后小火煮 5 分钟，加入精盐、鸡精、胡椒粉调味，再洒些香菜末，即可装盘。

功　　效

化痰利湿，减脂纤体。

饕餮解读

玉米含有丰富的维生素、植物纤维、胡萝卜素等物质。植物纤维能促进肠道蠕动，抑制脂肪吸收。

荸荠能清热生津，化痰利湿，消食除胀。

30 凉拌三丝

易操作指数 ★★★★★

食材选择

莴笋100克，胡萝卜100克，白萝卜100克，食用油、精盐、葱、蒜、醋、白糖、生抽、花椒、干辣椒各适量。

制作过程

01 莴笋、胡萝卜洗净去皮，切成丝。白萝卜洗净切丝。

02 锅内放水烧热，加入少量食用油、精盐，倒入三丝焯至变软，捞出用冷水过凉，沥干码在盘中。

03 炒锅放油烧热，倒入花椒、干辣椒爆香后捞出不用。将椒油放凉后淋在三丝上。

04 碗内放生抽、醋、精盐、葱末、蒜末、白糖，搅拌均匀。将兑好的调味汁淋在菜上即可。

功　　效

化痰下气，减脂纤体。

饕餮解读

莴笋含有大量植物纤维、维生素和矿物质等，植物纤维能促进胃肠蠕动，促进消化。另外，莴笋所含的热水提取物能抑制癌细胞生长，可用来防癌抗癌。

胡萝卜含有丰富的胡萝卜素和降糖物质，能益肝明目、降压降脂。

白萝卜有化痰下气的功效，还含有多种微量元素、芥子油和膳食纤维、消化酵素。芥子油和膳食纤维可促进胃肠蠕动，有助于体内废物的排出。消化酵素可以帮助消化，含有的辛辣成分可以将活性酸素（活性氧）从体内去除，减少脂肪。

31 荸荠蘑菇薏米汤

易操作指数 ★★★★

食材选择

蘑菇200克，荸荠200克，薏米20克，五花肉50克，食用油、精盐、葱、姜、鸡精、生抽、蚝油、白糖、胡椒粉、香菜各适量。

制作过程

01 荸荠洗净去皮切成丁。蘑菇洗净撕成条状。五花肉剁成肉末，用蚝油、白糖抓匀。薏米用水泡5小时。

02 锅内放油烧热，放入葱末、姜片爆香，倒入肉末翻炒出香味，倒入荸荠翻炒片刻，加入适量水烧开，再放入薏米，大火烧开后小火煮1小时，加入蘑菇煮至熟软，加精盐、鸡精、胡椒粉调味，再洒些香菜末。

功　　效

化痰利湿，减脂纤体。

饕餮解读

蘑菇含有丰富的蛋白质、氨基酸、膳食纤维和矿物质等。可溶性膳食纤维能溶解在液体中，形成高黏度的物质，包裹在食物的表面，能有效地减慢食物在胃里吸收和消化的速度，延长饱腹感，对减肥有很大帮助。

荸荠能清热生津，化痰利湿，消食除胀。

32 薏米苦瓜汤

易操作指数 ★★★★

食材选择

苦瓜 1 根，薏米 50 克，干香菇 2 个，五花肉 50 克，精盐、葱、姜、鸡精、生抽、蚝油各适量。

制作过程

01 干香菇用温水泡发，洗净后将每个香菇切成 4 块。苦瓜洗净去瓤切成厚片。薏米用清水泡 5 小时。五花肉剁成肉泥，用生抽、蚝油腌 10 分钟。

02 砂锅内倒水烧开，加入腌好的肉泥拨散，再加入苦瓜、薏米、香菇、葱段、姜片，旺火煮沸后，转小火炖 1 小时，加入精盐、鸡精调味即可。

功　　效

减脂纤体，健脾祛湿。

饕餮解读

苦瓜中含有苦瓜苷、苦味素、维生素 C 和高能清脂素。苦瓜苷和苦味素能健脾开胃，维生素 C 能增强抵抗力，高能清脂素被誉为“脂肪杀手”，能阻止脂肪、多糖等高热量大分子物质的吸收。

薏米被誉为“生命健康之友”，有健脾祛湿的功效，还含有丰富的蛋白质、维生素、膳食纤维等，能促进新陈代谢，减肥纤体。

33 荸荠竹笋汤

易操作指数 ★★★★

食材选择 竹笋300克，荸荠200克，五花肉50克，食用油、精盐、葱、姜、鸡精、生抽、蚝油、白糖、胡椒粉、香菜各适量。

制作过程

01 荸荠洗净去皮切成丁。竹笋去外壳洗净切成片。五花肉剁成肉末，用蚝油、白糖抓匀。

02 锅内放水烧热，加入少量食用油、精盐，倒入竹笋烫一下，捞出用冷水过凉，沥干备用。

03 锅内放油烧热，放入葱末、姜片爆香，倒入肉末翻炒出香味，倒入竹笋翻炒片刻，加入适量水烧开，再放入荸荠，大火烧开后小火煮5分钟，加入精盐、鸡精、胡椒粉调味，盛出后再洒些香菜末即可。

功　效 化痰利湿，减脂纤体。

饕餮解读 竹笋的主要成分是纤维素，能吸附大量的油脂，清除体内脂肪，还可以清除体内的腐败物质，兼有洗肠的功效。

荸荠能清热生津，化痰利湿，消食除胀。

第 4 章

健脾开胃，消化好减肥更轻松

韭菜洋葱炒鸡丝

易操作指数 ★★★★

食材选择

洋葱半个，韭菜200克，鸡胸肉50克，食用油、精盐、葱、蒜、鸡精、生抽、花椒各适量。

制作过程

01 韭菜洗净切成小段。洋葱剥去最外层枯皮，洗净切成丝。鸡胸肉切成细丝，用生抽腌5分钟。

02 炒锅放油烧热，放入花椒爆香后捞出不用，再放葱花、蒜末爆香，倒入鸡丝炒香，加入洋葱大火翻炒片刻，放入韭菜炒至变软，再加入精盐、生抽、鸡精调味，即可装盘。

功　　效

开胃助消化，减脂纤体。

饕餮解读

洋葱在西方被誉为“蔬菜皇后”，含有丰富的维生素、矿物质以及纤维素和精油。精油含有含硫化合物，能降低胆固醇，促进胃肠蠕动，起到开胃作用，可治疗消化不良、食欲不振等症状。纤维素能促进肠道蠕动，减脂纤体。

韭菜含有丰富的粗纤维、胡萝卜素、维生素C、挥发性精油、含硫化合物以及多种矿物质。粗纤维能增强肠胃蠕动，促进新陈代谢，并能排除肠道中过多的成分而减肥。挥发性精油及含硫化合物能降低血脂，并有杀菌功效。

35 香干豆芽拌丝瓜

易操作指数 ★★★★★

食材选择 豆芽 100 克，丝瓜 1 根，香干 1 块，食用油、精盐、醋、白糖、香油、鸡精各适量。

制作过程

01 豆芽洗净去头尾，沥干备用。丝瓜去皮冲洗后切成条。香干洗净切成片。

02 锅内倒水烧开，加入少量食用油、精盐，分别将豆芽、丝瓜、香干焯熟，盛出用冷水冲凉，沥干装盘。

03 碗内加入精盐、醋、白糖、香油、鸡精，搅拌均匀。把兑好的调味汁淋在菜上，拌匀即可。

功　　效 开胃健脾，减脂纤体。

饕餮解读

丝瓜营养丰富，含有丰富的蛋白质、脂肪、碳水化合物、粗纤维、瓜氨酸、维生素 C 和多种矿物质，还含有人参中所含的成分——皂苷。粗纤维能刺激肠胃蠕动，促进消化，减脂纤体。维生素 C 摄入充足，运动的时候可以加速脂肪的消耗燃烧，提升减肥效果。

豆芽含水分多，热量少，不易形成皮下脂肪堆积，含有的纤维素能促进肠道蠕动，消脂通便。

蒜薹姜汁豇豆

易操作指数 ★★★★

食材选择

豇豆250克，生姜1块，蒜薹1根，红彩椒（红柿子椒）半个，食用油、精盐、葱、蒜、生抽、辣椒油、花椒油、鸡精各适量。

制作过程

01 豇豆洗净后去筋，掐成小段。生姜去皮洗净，剁成姜泥。蒜薹洗净切成小段。红彩椒洗净切成小条。

02 锅中放水烧开，放入少量食用油、精盐，倒入豇豆、蒜薹和红彩椒焯熟，捞出用冷水冲凉，沥干装盘，再倒入姜泥备用。

03 碗内放入精盐、葱末、蒜末、生抽、辣椒油、花椒油、鸡精，搅拌均匀。将兑好的调味汁淋在盘中，拌匀即可。

功　　效

减脂纤体，开胃促消化。

饕餮解读

豇豆含碳水化合物、粗纤维、胡萝卜素、维生素B_1、维生素B_2、烟酸以及多种矿物质。维生素B_1能促进消化腺分泌和胃肠道蠕动，可促进消化，粗纤维有降脂减肥功效。

生姜含有纤维素、矿物质以及姜醇、姜油萜、姜烯、水芹烯、柠檬醛、芳香油等油性挥发物，能解毒杀菌。

37 紫甘蓝炒豆腐皮

易操作指数 ★★★★★

食材选择

紫甘蓝 200 克，豆腐皮 100 克，食用油、精盐、葱、蒜、鸡精、生抽、蚝油、醋各适量。

制作过程

01 紫甘蓝、豆腐皮分别洗净，撕成小块。

02 锅内放油烧热，放入葱末、蒜末爆香，倒入紫甘蓝翻炒片刻，再加入豆腐皮一同旺火翻炒。待紫甘蓝炒熟时，加入精盐、鸡精、生抽、蚝油、醋调味，即可装盘。

功　　效

开胃促消化，减脂纤体。

饕餮解读

紫甘蓝富含纤维素、硫元素、铁元素、维生素 C 等。纤维素能够增强胃肠功能，促进肠道蠕动，以及降低胆固醇水平。硫元素能抑制皮肤瘙痒，对皮肤健康有益。铁元素能提高血液中氧气的含量，有助于燃脂，促进减肥纤体。

豆腐皮营养丰富，含有大量蛋白质、碳水化合物，还含有钙、磷、铁等多种矿物质元素。所含的蛋白质能延长饱腹感，有利于减肥。

萝卜鸭血粉丝汤

易操作指数 ★★★★

食材选择 白萝卜200克，粉丝50克，鸭血50克，食用油、精盐、香油、鸡精各适量。

制作过程

01 白萝卜洗净切成丝。粉丝用温水泡发，切成长段。鸭血切成小块。

02 锅内倒水烧开，加入少量食用油、精盐，分别将白萝卜丝、粉丝烫一下，盛出用冷水冲凉，沥干装盘。

03 砂锅放水烧开，加入萝卜丝煮熟后，放入粉丝、鸭血煮沸，加入精盐、香油、鸡精调味即可。

功　　效 促进消化，减脂纤体。

饕餮解读 白萝卜含有多种微量元素、芥子油和膳食纤维、消化酵素。芥子油和膳食纤维可促进胃肠蠕动，有助于体内废物的排出。消化酵素可以帮助消化，含有的辛辣成分可以将活性酸素（活性氧）从体内去除，减少脂肪堆积。

39 青蒜双耳拌莴笋

易操作指数 ★★★★★

食材选择 莴笋200克，青蒜2根，黑木耳5克，银耳5克，食用油、精盐、葱、蒜、花椒、干辣椒、生抽、醋、鸡精、白糖各适量。

制作过程

01 莴笋去皮冲洗后切成片。黑木耳、银耳分别用温水泡发，洗净后掰成小块。青蒜洗净切成末。

02 锅内放水烧热，加入少量食用油、精盐，倒入黑木耳、银耳焯2分钟，再放入莴笋烫一下，捞出用冷水过凉，沥干码在盘中。

03 锅内放油烧热，放入干辣椒、花椒煸出香味后捞出不用，再放入葱花、蒜末爆香后关火。

04 碗内放入精盐、白糖、醋、鸡精、生抽，再倒入凉好的椒油，搅拌均匀。将兑好的调味汁淋在盘中，洒上切好的青蒜，拌匀即可。

功　　效 促进消化，减脂纤体。

饕餮解读 莴笋含有大量膳食纤维、维生素和矿物质等。膳食纤维能促进胃肠蠕动，促进消化。另外，莴笋所含的热水提取物能抑制癌细胞，可用来防癌抗癌。

40 萝卜紫菜鸡蛋汤

易操作指数 ★★★★★

食材选择 白萝卜200克，紫菜5克，鸡蛋1个，精盐、鸡精、胡椒粉各适量。

制作过程

01 紫菜用凉水泡发，再换水冲洗两次。白萝卜洗净切成丝。鸡蛋打散搅成蛋液。

02 砂锅内倒水烧开，加入萝卜丝烧开，放入紫菜旺火烧开后煮2分钟，倒入鸡蛋液拨散煮沸，加入精盐、鸡精、胡椒粉调味即可。

功　效 健脾开胃，减脂纤体。

饕餮解读 白萝卜含有多种微量元素、芥子油和膳食纤维、消化酵素。芥子油和膳食纤维可促进胃肠蠕动，有消化酵素可以帮助消化，含有的辛辣成分可以将活性酸素（活性氧）从体内去除，减少脂肪堆积。

41 韭菜炒鸡蛋

易操作指数 ★★★★★

食材选择

韭菜 300 克，红彩椒（红柿子椒）半个，鸡蛋 2 个，食用油、精盐、葱各适量。

制作过程

01 韭菜洗净切成段。红彩椒洗净切成条状。鸡蛋打散搅成蛋液，加少量精盐和少许清水搅匀。

02 炒锅放油烧热，倒入蛋液炒熟盛出。

03 锅内再放油，放入葱花炝锅，倒入韭菜、彩椒翻炒片刻，加入炒好的鸡蛋，倒入少量水再翻炒片刻，加精盐调味即可。

功　　效

健胃促消化，减脂纤体。

饕餮解读

韭菜含丰富的粗纤维、胡萝卜素、维生素 C、挥发性精油、含硫化合物以及多种矿物质。粗纤维能增强肠胃蠕动，促进新陈代谢，并能排除肠道中过多的成分而起减肥作用。挥发性精油及含硫化合物能增进食欲，增强消化功能。

苦瓜豆芽拌豆腐皮

易操作指数 ★★★★★

食材选择

豆芽100克，苦瓜200克，豆腐皮50克，食用油、精盐、醋、白糖、香油、鸡精各适量。

制作过程

01 豆芽洗净去头尾，沥干备用。苦瓜洗净去瓤切成薄片。豆腐皮洗净撕成小块。

02 锅内倒水烧开，加入少量食用油、精盐，倒入豆芽、苦瓜焯熟，捞出用冷水冲凉，沥干装盘，再码上豆腐皮。

03 碗内加入精盐、醋、白糖、香油、鸡精，搅拌均匀。把兑好的调味汁淋在菜上，拌匀即可。

功　　效

健脾开胃，减脂纤体。

饕餮解读

苦瓜中含有苦瓜苷、苦味素、维生素C和高能清脂素。苦瓜苷和苦味素能健脾开胃；维生素C能增强抵抗力；高能清脂素被誉为“脂肪杀手”，能阻止脂肪、多糖等高热量大分子物质的吸收。

豆芽含水分多，热量少，不易形成皮下脂肪堆积，含有的纤维素能促进肠道蠕动，消脂通便。

43 玉米双耳拌香干

易操作指数 ★★★★

食材选择 玉米1根，黑木耳5克，银耳5克，香干2块，食用油、精盐、葱、蒜、干辣椒、花椒、生抽、醋、鸡精、白糖各适量。

制作过程

01 玉米洗净掰下玉米粒。黑木耳、银耳分别用温水泡发，洗净后撕成小块。香干洗净切成片。

02 锅内放水烧热，加入少量食用油、精盐，倒入黑木耳、银耳焯2分钟，再将玉米粒、香干放入焯熟，捞出用冷水过凉，沥干均码在盘中。

03 锅内放油烧热，放入干辣椒、花椒煸出香味后捞出不用，再放入葱花、蒜末爆香后关火。

04 碗内放入精盐、白糖、醋、鸡精、生抽，再倒入凉好的椒油，搅拌均匀。将兑好的调味汁淋在盘中，拌匀即可。

功　　效 健脾益胃，减脂纤体。

饕餮解读 玉米有健脾益胃、利水渗湿的功效，并且含有丰富的维生素、膳食纤维、胡萝卜素等物质。膳食纤维能促进肠道蠕动，抑制脂肪吸收。

44 玉米百合羹

易操作指数 ★★★★

食材选择

玉米1根，新鲜百合150克，五花肉50克，食用油、精盐、葱、姜、料酒、酱油、胡椒粉、鸡精、香菜、水淀粉各适量。

制作过程

01 玉米洗净掰下玉米粒。百合掰成小瓣洗净待用。五花肉切成薄片，用酱油、料酒、胡椒粉抓匀。

02 炒锅下油烧热，放入葱、姜爆香，下入五花肉片煸出香味，倒入适量水烧开后，加入百合、玉米粒，大火烧开后再小火煮10分钟，加入精盐、鸡精、香菜调味，再用水淀粉勾薄芡，煮沸即可。

功　　效

健脾益胃，减脂纤体。

饕餮解读

玉米有健脾益胃的功效，并含有丰富的维生素、膳食纤维、胡萝卜素等物质。膳食纤维能促进肠道蠕动，抑制脂肪吸收。

百合主要含生物素、秋水仙碱以及多种微量元素。秋水仙碱对免疫抑制剂环磷酰胺引起的白细胞减少症有预防作用，能升高血细胞，防癌抗癌。

45 韭香腐竹

易操作指数 ★★★★★

食材选择

腐竹 200 克，韭菜 200 克，红彩椒（红柿子椒）半个，食用油、精盐、醋、白糖、香油、鸡精各适量。

制作过程

01 腐竹用温水泡发，切成小段。韭菜洗净切成段。红彩椒洗净后撕成小条。

02 锅内倒水烧开，加入少量食用油、精盐，分别将腐竹、韭菜烫一下，盛出用冷水冲凉，沥干装盘。

03 碗内加入精盐、醋、白糖、香油、鸡精，搅拌均匀。将红彩椒码在腐竹和韭菜上，淋上兑好的调味汁，拌匀即可。

功　　效

健脾益胃，减脂纤体。

饕餮解读

腐竹富含蛋白质、卵磷脂、铁以及其他多种矿物质元素，卵磷脂能除掉附在血管壁上的胆固醇，有减脂功效。

韭菜有健脾益胃的功效，并且含丰富的粗纤维、胡萝卜素、维生素 C、挥发性精油、含硫化合物以及多种矿物质。粗纤维能增强肠胃蠕动，促进新陈代谢，并能排除肠道中过多的成分而起减肥作用。挥发性精油及含硫化合物能降低血脂，并有杀菌功效。

辣拌圆白菜木耳豌豆

易操作指数 ★★★★

食材选择 圆白菜200克，黑木耳5克，豌豆200克，食用油、精盐、鸡精、葱、蒜、生抽、醋、干辣椒、花椒、白糖各适量。

制作过程

01 圆白菜洗净撕成块。豌豆洗净备用。黑木耳用温水泡发。

02 锅内放水烧热，加入少量食用油、精盐，倒入豌豆焯熟，再倒入圆白菜、黑木耳烫一下，捞出用冷水过凉，沥干码在盘中。

03 锅内放油烧热，放入干辣椒、花椒煸出香味，将其捞出不用，再放入葱花、蒜末爆香后关火。

04 碗内放入精盐、白糖、醋、鸡精、生抽，再倒入凉好的椒油，搅拌均匀。将兑好的调味汁淋在盘中，拌匀即可。

功　　效 健脾和胃，减脂纤体。

饕餮解读

圆白菜含有丰富的膳食纤维、维生素C、果胶及粗纤维。果胶及粗纤维能结合并阻止肠内毒素的吸收，促进排毒，防癌抗癌作用。

豌豆富含赖氨酸、止杈酸、赤霉素和植物凝素等物质，能调和脾胃，促进消化，增强新陈代谢；并且含有丰富的膳食纤维，能促进大肠蠕动，消脂通便。

黑木耳富含铁、维生素K、胶质等物质，胶质能清胃洗肠。

松仁玉米

易操作指数 ★★★★

食材选择 甜玉米1个，松子仁3勺，牛奶2勺，彩椒半个，食用油、葱、精盐、白糖、水淀粉各适量。

制作过程

01 甜玉米洗净煮熟，捞出放凉，掰下玉米粒。彩椒洗净后切成小丁。

02 炒锅放少许油烧热，下松子仁炒2分钟盛出。

03 炒锅再放油，下葱段爆香，加入甜玉米粒、松子仁、彩椒旺火翻炒片刻，倒入牛奶焖1分钟，再放精盐、白糖调味，用水淀粉勾薄芡，芡煮沸即可。

功　　效 健脾益胃，减脂纤体。

饕餮解读 玉米有健脾益胃的功效，并且含有丰富的维生素、植物纤维、玉米黄质、胡萝卜素、谷胱甘肽以及多种微量元素。植物纤维能促进肠道蠕动，抑制脂肪吸收。谷胱甘肽有助于生成谷胱甘肽氧化酶，能防治衰老，延续青春。

48 三丝卷

易操作指数 ★★★★

食材选择

豆腐皮 100 克，莴笋 50 克，土豆 50 克，胡萝卜 50 克，食用油、精盐、黄豆酱各适量。

制作过程

01 豆腐皮切成块，留少许切成长豆腐丝。莴笋、土豆、胡萝卜均去皮洗净，切成丝。

02 锅内放水烧热，加入少量食用油、精盐，分别倒入莴笋丝、土豆丝、胡萝卜丝焯熟，捞出用冷水过凉，沥干备用。将豆腐皮放平，莴笋丝、土豆丝、胡萝卜丝码在上面，用豆腐皮卷上，再用豆腐丝系好。

03 碟子中倒入黄豆酱，将三丝卷蘸酱即可食用。

功　　效

健脾和胃，减脂纤体。

饕餮解读

莴笋含有大量植物纤维、维生素和矿物质等，植物纤维能促进胃肠蠕动，促进消化。另外，莴笋所含的热水提取物能抑制癌细胞，可用来防癌抗癌。

豆腐皮富含蛋白质、氨基酸以及多种微量元素，所含的优质蛋白质能延长饱腹感，有利于减肥。

49 冬菜苦瓜

易操作指数 ★★★★★

食材选择

苦瓜 300 克，冬菜 100 克，食用油、精盐、葱、姜、蒜、鸡精、生抽、水淀粉各适量。

制作过程

01 苦瓜竖向剖开，去瓤去籽洗净切成薄片。冬菜洗净切成小块。

02 苦瓜片用精盐腌 10 分钟，再用冷水冲洗，沥干备用。

03 炒锅放油烧热，爆香葱花、蒜末、姜片，倒入苦瓜片翻炒至七成熟，加入冬菜翻炒，加少许水继续翻炒，加入精盐、鸡精、生抽调味，再用水淀粉勾薄芡，芡煮沸即可出锅。

功　　效

开胃促消化，减脂纤体。

饕餮解读

苦瓜中含有苦瓜苷、苦味素、维生素 C 和高能清脂素。苦瓜苷和苦味素能健脾开胃；维生素 C 能增强抵抗力；高能清脂素被誉为“脂肪杀手”，能阻止脂肪、多糖等高热量大分子物质的吸收。

冬菜含有多种维生素，香味独特，并能调节胃酸分泌，起到促进消化和排便的作用。

50 辣炒圆白菜

易操作指数 ★★★★★

食材选择 圆白菜300克，干辣椒5个，食用油、精盐、葱、蒜、姜、剁椒、花椒、生抽、鸡精各适量。

制作过程

01 圆白菜洗净沥干，撕成小块。

02 炒锅放油烧热，放入干辣椒、花椒爆香后捞出不用，倒入葱花、蒜末、姜片、剁椒炝锅，倒入圆白菜大火翻炒至断生，加入精盐、生抽、鸡精调味，炒匀即可。

功　　效 养胃促消化，减脂纤体。

饕餮解读 圆白菜富含膳食纤维、维生素C、果胶及粗纤维。维生素C可以缓解感冒症状、消除疲劳。果胶及粗纤维能结合并阻止肠内毒素的吸收，促进排毒，还有养胃促消化的功效。

51 凉拌豇豆

易操作指数 ★★★★★

食材选择 豇豆 250 克，红柿子椒半个，食用油、精盐、葱、姜、蒜、生抽、醋、辣椒油、花椒油、鸡精各适量。

制作过程

01 豇豆洗净后去筋，掐成小段。红柿子椒洗净去籽，切成小条。

02 锅中放水烧开，放入少量食用油、精盐，倒入豇豆焯熟，捞出用冷水冲凉备用。

03 碗内放入精盐、葱末、蒜末、姜末、生抽、醋、辣椒油、花椒油、鸡精，搅拌均匀。将红柿子椒跟豇豆码在一起，淋上兑好的调味汁，拌匀即可。

功　　效 减脂纤体，健胃补肾。

饕餮解读 豇豆含碳水化合物、粗纤维、胡萝卜素、维生素 B_1、维生素 B_2、烟酸以及多种矿物质。维生素 B_1 能促进消化腺分泌和胃肠道蠕动，抑制胆碱酶活性。粗纤维有降脂减肥功效。

莴笋紫菜豆腐汤

易操作指数 ★★★★

食材选择

莴笋 200 克，豆腐 50 克，紫菜 5 克，精盐、鸡精、胡椒粉、香油各适量。

制作过程

01 莴笋洗净切成薄片。豆腐切成小块。紫菜用凉水泡发，再换水冲洗两次。

02 砂锅内倒水烧开，加入莴笋烧开，放入紫菜、豆腐旺火烧开后煮 2 分钟，再加入精盐、鸡精、胡椒粉、香油调味即可。

功　　效

开胃促消化，减肥纤体。

饕餮解读

莴笋含有大量膳食纤维、维生素和矿物质等。膳食纤维能促进胃肠蠕动，促进消化。另外，莴笋所含的热水提取物能抑制癌细胞，可用来防癌抗癌。

豆腐是一种高蛋白、高矿物质、低脂肪的食品，有利于增强体质，帮助消化，并能增加饱腹感，有助于减肥。

第 5 章

利水消肿，吃出曼妙身姿

黄瓜腐竹拌花生米

易操作指数 ★★★★

食材选择

腐竹200克，黄瓜1根，红柿子椒半个，花生米50克，食用油、精盐、醋、白糖、鸡精、香油各适量。

制作过程

01 腐竹用温水泡发，切成小段。黄瓜洗净后切成片。红柿子椒洗净后撕成小条。花生米入油锅炒熟，捞出备用。

02 锅内倒水烧开，加入少量食用油、精盐，放入腐竹焯1分钟，盛出用冷水冲凉，沥干装盘，再码上红柿子椒、花生米和黄瓜。

03 碗内加入精盐、醋、白糖、鸡精、香油，搅拌均匀。把兑好的调味汁淋在菜上，拌匀即可。

功　效

清热利水，减脂纤体。

饕餮解读

腐竹富含蛋白质、卵磷脂、铁以及其他多种矿物质元素。卵磷脂能除掉附在血管壁上的胆固醇，有减脂功效。

黄瓜有清热利水的功效，富含维生素C、胡萝卜素、丙醇二酸及钙、磷、铁等矿物质元素，丙醇二酸能抑制糖类物质转化为脂肪。黄瓜中还含有丰富的纤维素，能促进肠道蠕动，加快排泄和降低胆固醇。

54 辣拌腐竹莴笋

易操作指数 ★★★★

食材选择

腐竹 200 克，莴笋 200 克，尖椒 1 个，食用油、精盐、醋、白糖、葱、蒜、香油、鸡精、干辣椒、花椒各适量。

制作过程

01 腐竹用温水泡发，切成小段。莴笋去皮洗净，切成薄片。尖椒洗净后切成小条。

02 锅内倒水烧开，加入少量食用油、精盐，放入腐竹、莴笋烫一下，盛出用冷水冲凉，沥干装盘，再将尖椒码在腐竹和莴笋上。

03 锅内放油烧热，放入干辣椒、花椒煸出香味，将其捞出不用，再放入葱花、蒜末爆香后关火。

04 碗内加入精盐、醋、白糖、香油、鸡精，搅拌均匀后淋在菜上，拌匀即可。

功　　效

清热利尿，减脂纤体。

饕餮解读

腐竹富含蛋白质、卵磷脂、铁以及其他多种矿物质元素，卵磷脂能除掉附在血管壁上的胆固醇，有减脂功效。

莴笋含有大量膳食纤维、维生素和矿物质等，膳食纤维能促进胃肠蠕动，促进消化。另外，莴笋还有清热利尿的作用。

酸甜冬瓜银芽

易操作指数 ★★★★

食材选择

冬瓜200克，豆芽100克，红柿子椒半个，食用油、精盐、醋、白糖、香油、鸡精各适量。

制作过程

01 豆芽洗净去头尾，沥干备用。冬瓜去皮去瓤，洗净切成丝。红柿子椒洗净后撕成小条。

02 锅内倒水烧开，加入少量食用油、精盐，分别将豆芽、冬瓜焯熟，盛出用冷水冲凉，沥干装盘，再把红柿子椒码在上面。

03 碗内加入精盐、醋、白糖、香油、鸡精，搅拌均匀后淋在菜上，拌匀即可。

功　　效

利水消肿，减脂纤体。

饕餮解读

冬瓜有利水消肿的功效，并富含丙醇二酸、维生素C、钾等物质。丙醇二酸能抑制糖类物质转化为脂肪，促进人体健美。维生素C能够促进脂肪代谢，有利于减肥纤体。

豆芽含水分多，热量少，不易形成皮下脂肪堆积，含有的纤维素能促进肠道蠕动，消脂通便。

56 木耳腐竹拌冬瓜

易操作指数 ★★★★

食材选择

腐竹200克，冬瓜200克，黑木耳5克，红柿子椒半个，食用油、精盐、醋、白糖、香油、鸡精各适量。

制作过程

01 腐竹用温水泡发，切成小段。冬瓜去皮去瓤，洗净切成薄片。黑木耳用温水泡发，撕成小块。红柿子椒洗净后撕成小条。

02 锅内倒水烧开，加入少量食用油、精盐，分别将腐竹、冬瓜、黑木耳烫一下，盛出用冷水冲凉，沥干装盘，再码上红柿子椒。

03 碗内加入精盐、醋、白糖、香油、鸡精，搅拌均匀。把兑好的调味汁淋在菜上，拌匀即可。

功　　效

利水消肿，减脂纤体。

饕餮解读

腐竹富含蛋白质、卵磷脂、铁以及其他多种矿物质元素。卵磷脂能除掉附在血管壁上的胆固醇，有减脂功效。

冬瓜有利水消肿的功效，而且含丰富的丙醇二酸、维生素C、钾等物质。丙醇二酸能抑制糖类物质转化为脂肪，促进人体健美。维生素C能够促进脂肪代谢，有利于减肥纤体。

三色黄瓜

易操作指数 ★★★★★

食材选择

黄瓜1根，玉米粒50克，干百合5克，食用油、精盐、葱、蒜、鸡精、胡椒粉各适量。

制作过程

01 黄瓜洗净切成小丁。干百合用温水泡发。玉米粒洗净备用。

02 锅内放水烧热，加入少量食用油、精盐，倒入玉米粒、百合焯2分钟，捞出用冷水过凉，沥干备用。

03 锅内放油烧热，放入葱末、蒜末爆香，倒入黄瓜翻炒片刻，加入玉米粒、百合一同翻炒至熟，加精盐、鸡精、胡椒粉调味即可。

功　　效

减脂纤体，清热利水。

饕餮解读

黄瓜有清热利水的功效，富含维生素C、胡萝卜素、丙醇二酸及钙、磷、铁等矿物质元素，其中丙醇二酸能抑制糖类物质转化为脂肪。黄瓜中还含有丰富的纤维素，能促进肠道蠕动、加快排泄和降低胆固醇，有清肠排毒的功效。

玉米含有丰富的维生素、膳食纤维、胡萝卜素等物质。膳食纤维促进肠道蠕动，抑制脂肪吸收。

58 粉丝拌冬瓜

易操作指数 ★★★★★

食材选择 冬瓜300克，粉丝50克，食用油、精盐、葱、蒜、醋、白糖、香油、鸡精、干辣椒、花椒、生抽各适量。

制作过程

01 粉丝用温水泡发，切成长段。冬瓜去皮去瓤，洗净切成薄片。

02 锅内倒水烧开，加入少量食用油、精盐，分别将粉丝、冬瓜焯一下，盛出用冷水冲凉沥干，码在盘中。

03 锅内放油烧热，放入干辣椒、花椒煸出香味，将其捞出不用，再放入葱花、蒜末爆香后关火。

04 碗内放入精盐、白糖、醋、鸡精、生抽，再倒入凉好的椒油，搅拌均匀。将兑好的调味汁淋在盘中，拌匀即可。

功　　效 利水消肿，减脂纤体。

饕餮解读 冬瓜有利水消肿的功效，而且含丰富的丙醇二酸、维生素C、钾等物质。丙醇二酸能抑制糖类物质转化为脂肪，促进人体健美。维生素C能够促进脂肪代谢，有利于减肥纤体。

黄瓜草菇烩银耳

易操作指数 ★★★★

食材选择

黄瓜1根，草菇200克，银耳5克，食用油、精盐、葱、姜、蒜、鸡精、水淀粉各适量。

制作过程

01 黄瓜洗净后切成片。草菇洗净后切成小块。银耳用温水泡发，撕成小朵。

02 锅内放水烧热，加入少量食用油、精盐，倒入草菇焯至八成熟，银耳在沸水中烫一下，捞出用冷水过凉，沥干备用。

03 锅内放油烧热，放入葱末、蒜末、姜片爆香，倒入黄瓜翻炒片刻，再加入草菇、银耳继续翻炒至熟，加入精盐、鸡精调味，用水淀粉勾薄芡淋上，芡煮沸即可。

功　　效

清热利水，减脂纤体。

饕餮解读

黄瓜有清热利水的功效，富含维生素C、胡萝卜素、丙醇二酸及钙、磷、铁等矿物质元素，其中丙醇二酸能抑制糖类物质转化为脂肪。黄瓜中还含有丰富的纤维素，能促进肠道蠕动、加快排泄和降低胆固醇，有清肠排毒的功效。

草菇富含磷、钾等多种微量元素，并含丰富的纤维素，能促进肠道蠕动，消脂通便。

60 冬瓜蘑菇汤

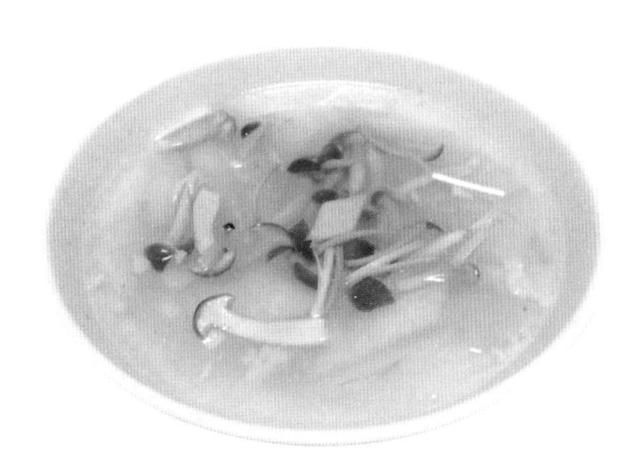

易操作指数 ★★★★★

食材选择 冬瓜 200 克，蘑菇 200 克，五花肉 50 克，精盐、葱、姜、鸡精、生抽、蚝油各适量。

制作过程

01 冬瓜去皮去瓤，洗净切成薄片。蘑菇洗净撕成条状。五花肉剁成肉泥，用生抽、蚝油腌 10 分钟。

02 砂锅内倒水烧开，加入腌好的肉泥拨散，放入冬瓜、蘑菇、葱段、姜片，旺火煮沸后，转小火炖 1 小时，加入精盐、鸡精调味即可。

功　效 减肥纤体，利水消肿。

饕餮解读

冬瓜有利水消肿的功效，且含丰富的丙醇二酸、维生素 C、钾等物质。丙醇二酸能抑制糖类物质转化为脂肪，促进人体健美。维生素 C 能够促进脂肪代谢，有利于减肥纤体。

蘑菇含有丰富的蛋白质、氨基酸、膳食纤维和矿物质等。可溶性膳食纤维能溶解在液体中，形成高黏度的物质，包裹在食物的表面，能有效地减慢食物在胃里吸收和消化的速度，延长饱腹感，有利于减肥。

61 豆豉鲮鱼油麦菜

易操作指数 ★★★★

食材选择 油麦菜300克，豆豉鲮鱼罐头半盒，食用油、精盐、葱、蒜、鸡精、水淀粉各适量。

制作过程

01 油麦菜洗净切成小段。将豆豉鲮鱼弄碎，拣出较大的刺不用。

02 炒锅放油烧热，放入葱末、蒜末爆香，倒入豆豉鲮鱼煸香，加入油麦菜快速翻炒。待油麦菜变色时，加入精盐、鸡精调味，用水淀粉勾薄芡淋上，芡煮沸即可出锅。

功　　效 利水消肿，减肥纤体。

饕餮解读 油麦菜含有甘露醇等有效成分，有利水消肿的作用，还富含膳食纤维、维生素、胡萝卜素和多种矿物质，热量低营养高，其中膳食纤维能促进肠道蠕动，减肥纤体。

62 冬瓜盅

易操作指数 ★★★

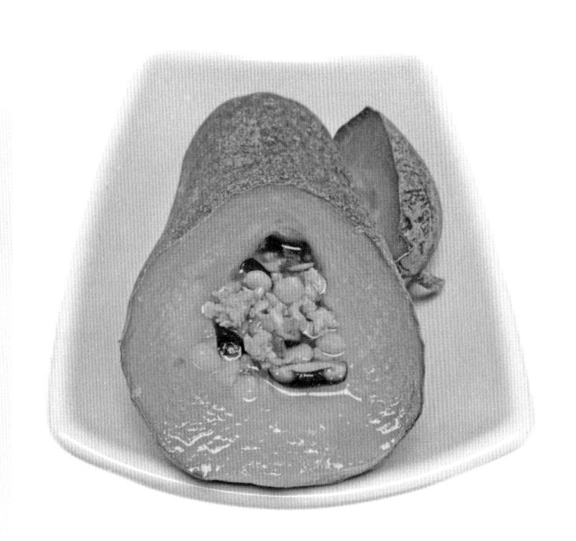

食材选择 小冬瓜1个，香菇3个，五花肉100克，玉米粒50克，虾仁干50克，精盐、白糖、葱、料酒、生抽、蚝油、胡椒粉、鸡精、香油各适量。

制作过程

01 五花肉剁成肉末，用蚝油、料酒、白糖、生抽、葱末、胡椒粉抓匀备用。香菇洗净切成小块。虾仁干用温水泡发。

02 冬瓜洗净，将有瓣的一端偏上切下来做盖，用汤匙把籽挖出来。把肉末、香菇、玉米粒、虾仁干倒进去，加1碗清水，盖上冬瓜盖。

03 蒸锅内放一个碗，把冬瓜盅放在碗上，大火烧开水后，小火蒸炖2小时，加入鸡精、胡椒粉、香油调味，把冬瓜盅连碗端出，即可食用。

功　　效 减脂纤体，利水消肿。

饕餮解读

冬瓜有利水消肿的作用，并富含丙醇二酸、维生素C、钾等物质，丙醇二酸能抑制糖类物质转化为脂肪，促进人体健美。维生素C能够促进脂肪代谢，有利于减肥纤体。

玉米含有丰富的维生素、植物纤维、胡萝卜素等物质。植物纤维能促进肠道蠕动，抑制脂肪吸收。

63 炝拌洋葱黄花菜

易操作指数 ★★★★★

食材选择 洋葱半个，黄花菜100克，食用油、精盐、葱、蒜、鸡精、生抽、花椒各适量。

制作过程

01 黄花菜用温水泡发。洋葱剥去最外层枯皮，洗净切成丝。

02 锅内放水烧热，加入少量食用油、精盐，倒入洋葱丝、黄花菜稍烫片刻，捞出用冷水过凉，沥干备用。

03 炒锅放油烧热，放入花椒爆香，捞出不用，再放葱花、蒜末爆香。将黄花菜和洋葱码在盘中，加入精盐、鸡精、生抽，再淋上炸好的椒油，拌匀即可。

功　　效 利水消肿，减脂纤体。

饕餮解读 洋葱在西方被誉为“蔬菜皇后”，含有丰富的维生素、矿物质以及纤维素和精油。精油含有含硫化合物，能降低胆固醇，预防消化不良、食欲不振等症状。纤维素能促进肠道蠕动，减脂纤体。

黄花菜能清热解毒，利水消肿。

64 翠玉冬瓜

易操作指数 ★★★★

食材选择

冬瓜300克，豌豆200克，五花肉50克，食用油、精盐、鸡精、葱、姜、蒜、生抽、蚝油、水淀粉、白糖各适量。

制作过程

01 冬瓜去皮去瓤，洗净切成丁。豌豆洗净备用。五花肉剁成肉末，用白糖、蚝油抓匀。

02 锅内放水烧热，加入少量食用油、精盐，倒入豌豆焯至五成熟，捞出用冷水过凉，沥干备用。

03 炒锅放油烧热，放葱花、蒜末、姜片爆香，下五花肉炒出香味，倒入冬瓜翻炒片刻，加入豌豆继续翻炒，加少许水旺火烧开后小火煮10分钟，加入精盐、鸡精、生抽、蚝油调味，再用水淀粉勾薄芡，芡煮沸即可。

功　　效

利水消肿，减脂纤体。

饕餮解读

冬瓜有利水消肿的功效，并且富含丙醇二酸、维生素C、钾等物质，其中丙醇二酸能抑制糖类物质转化为脂肪，促进人体健美。维生素C能够促进脂肪代谢，有利于减肥纤体。

豌豆富含赖氨酸、止杈酸、赤霉素和植物凝素等物质，能抗菌消炎，增强新陈代谢，并且含有丰富的膳食纤维，能促进大肠蠕动，消脂通便。

65 木耳拌黄瓜

易操作指数 ★★★★★

食材选择 黄瓜1根，黑木耳20克，食用油、精盐、蒜、鸡精、生抽、醋、蚝油、香油、白糖各适量。

制作过程

01 黑木耳用温水泡发，洗净后撕成小块。黄瓜洗净用刀拍扁，切成小块码在盘中。

02 锅内放水烧热，加食用油、精盐，倒入黑木耳焯至变软，捞出用冷水过凉，沥干装盘，再码上黄瓜。

03 碗内放蒜末、生抽、醋、蚝油、精盐、鸡精、白糖、香油，搅拌均匀。将兑好的调味汁淋在菜上，拌匀即可。

功　效 清热利水，减脂纤体。

饕餮解读 黄瓜有清热利水的功效，富含维生素C、胡萝卜素、丙醇二酸及钙、磷、铁等矿物质元素，其中丙醇二酸能抑制糖类物质转化为脂肪。黄瓜中还含有丰富的纤维素，能促进肠道蠕动、加快排泄和降低胆固醇。

黑木耳富含铁、维生素K、胶质等物质，胶质能清胃洗肠。

凉拌黄瓜豆腐皮

易操作指数 ★★★★★

食材选择 黄瓜1根，豆腐皮50克，干辣椒3个，食用油、精盐、鸡精、葱、蒜、花椒各适量。

制作过程

01 黄瓜洗净，先切成片再切成丝。豆腐皮洗净后切成细丝。

02 锅内放水烧热，加入少量食用油、精盐，倒入豆腐丝焯片刻，捞出用冷水过凉，沥干装盘，再码上黄瓜丝。

03 炒锅放油烧热，放入花椒、干辣椒爆香后捞出不用，待椒油放凉后浇在菜上，再放入精盐、鸡精、葱末、蒜末调味，拌匀即可。

功　　效 清热利水，减脂纤体。

饕餮解读

黄瓜有清热利水的功效，还富含维生素C、胡萝卜素、丙醇二酸及钙、磷、铁等矿物质元素，其中丙醇二酸能抑制糖类物质转化为脂肪。黄瓜中还含有丰富的纤维素，能促进肠道蠕动、加快排泄和降低胆固醇。

豆腐皮富含蛋白质、氨基酸以及多种微量元素，所含的优质蛋白质能延长饱腹感，有利于减肥。

三色蔬菜

易操作指数 ★★★★★

食材选择

冬瓜 100 克，黄瓜半根，玉米半根，食用油、精盐、生抽、白糖、葱、蒜、鸡精、水淀粉各适量。

制作过程

01 冬瓜去皮去瓤，洗净切成小丁。黄瓜洗净，用刀拍扁切成块。玉米洗净，掰下玉米粒备用。

02 锅内放水烧热，加入少量食用油、精盐，分别倒入冬瓜丁、玉米粒焯至八成熟，捞出用冷水过凉，沥干备用。

03 炒锅放油烧热，倒入葱花、蒜末爆香，放入冬瓜丁、玉米粒、黄瓜丁翻炒片刻，加精盐、生抽、白糖、鸡精调味，再用水淀粉勾薄芡淋上，芡煮沸即可。

功　　效

利水消肿，减脂纤体。

饕餮解读

黄瓜富含维生素 C、胡萝卜素、丙醇二酸及钙、磷、铁等矿物质元素，其中丙醇二酸能抑制糖类物质转化为脂肪。黄瓜中还含有丰富的纤维素，能促进肠道蠕动、加快排泄和降低胆固醇。

玉米含有丰富的维生素、植物纤维、胡萝卜素等物质，植物纤维能促进肠道蠕动，抑制脂肪吸收。

冬瓜有利水消肿的功效，且含丰富的丙醇二酸、维生素 C、钾等物质，其中丙醇二酸能抑制糖类物质转化为脂肪，促进人体健美。维生素 C 能够促进脂肪代谢，有利于减肥纤体。

68 木耳冬瓜汤

易操作指数 ★★★★★

食材选择

冬瓜 100 克，五花肉 50 克，黑木耳 20 克，食用油、精盐、葱、姜、鸡精、白糖、蚝油、胡椒粉各适量。

制作过程

01 冬瓜去皮去瓤洗净，切成薄片。黑木耳用温水泡发，洗净后撕成小块。五花肉剁成肉末，用白糖、蚝油抓匀。

02 炒锅放油烧热，放入葱花、姜末爆香，加入五花肉炒散，倒入冬瓜、黑木耳翻炒，倒入适量水，大火烧开后，转小火焖熟，放精盐、鸡精、胡椒粉调味。

功　　效

利水消肿，减脂纤体。

饕餮解读

冬瓜有利水消肿的功效，还富含丙醇二酸、维生素 C、钾等物质，其中丙醇二酸能抑制糖类物质转化为脂肪，促进人体健美。维生素 C 能够促进脂肪代谢，有利于减肥纤体。

黑木耳富含铁、维生素 K、胶质等物质，胶质能清胃洗肠。

五菜汤

易操作指数 ★★★★★

食材选择

冬瓜50克，圆白菜50克，香菇30克，玉米粒30克，黑木耳5克，食用油、精盐、葱、姜、鸡精、水淀粉各适量。

制作过程

01 冬瓜去皮去瓤，洗净切成丁。圆白菜洗净撕成小块。香菇洗净去蒂切成丝。黑木耳用温水泡发，撕成小块。玉米粒洗净。

02 锅内放水烧热，加入少量食用油、精盐，倒入冬瓜、圆白菜、黑木耳、香菇、玉米粒稍烫片刻，捞出用冷水过凉，沥干备用。

03 锅内放油烧热，放入葱花、姜末爆香，倒入冬瓜翻炒片刻，再倒入香菇、玉米粒、圆白菜、黑木耳一同翻炒，加适量水，大火煮开后，转小火煮5分钟，加精盐、鸡精调味，再用水淀粉勾薄芡，芡煮沸即可。

功　效

利水消肿，减脂纤体。

饕餮解读

圆白菜含有很高的膳食纤维、维生素C，并含有丰富的果胶及粗纤维。果胶及粗纤维能结合并阻止肠内毒素的吸收，促进排毒，并有防癌抗癌作用。

冬瓜有利水消肿的功效，还含丰富的丙醇二酸、维生素C、钾等物质，其中丙醇二酸能抑制糖类物质转化为脂肪，促进人体健美。维生素C能够促进脂肪代谢，有利于减肥纤体。

第6章

降压降脂，快速消除赘肉

70 姜汁芹菜

易操作指数 ★★★★★

食材选择

芹菜250克，生姜1块，食用油、精盐、葱、蒜、生抽、辣椒油、花椒油、鸡精各适量。

制作过程

01 芹菜洗净后去叶，切成小段。生姜去皮洗净，剁成姜泥。

02 锅中放水烧开，放入少量食用油、精盐，倒入芹菜焯熟，捞出用冷水冲凉装盘，并放上姜泥。

03 碗内放入精盐、葱末、蒜末、生抽、辣椒油、花椒油、鸡精，搅拌均匀。将兑好的调味汁淋在菜上，拌匀即可。

功　　效

减脂纤体，平肝降压。

饕餮解读

芹菜含有丰富的蛋白质、粗纤维、碳水化合物、胡萝卜素、钙、磷、铁、钠等矿物质元素，能平肝清热、祛风利湿、解毒宣肺、清肠利便、润肺止咳、降低血压。另外，芹菜还富含膳食纤维，经肠内消化作用能产生一种木质素或肠内脂的物质，可加快粪便在体内的运转时间，通便消脂。

生姜含有纤维素、矿物质以及姜醇、姜油萜、姜烯、水芹烯、柠檬醛、芳香油等油性挥发物，可解毒杀菌。

71 西芹百合

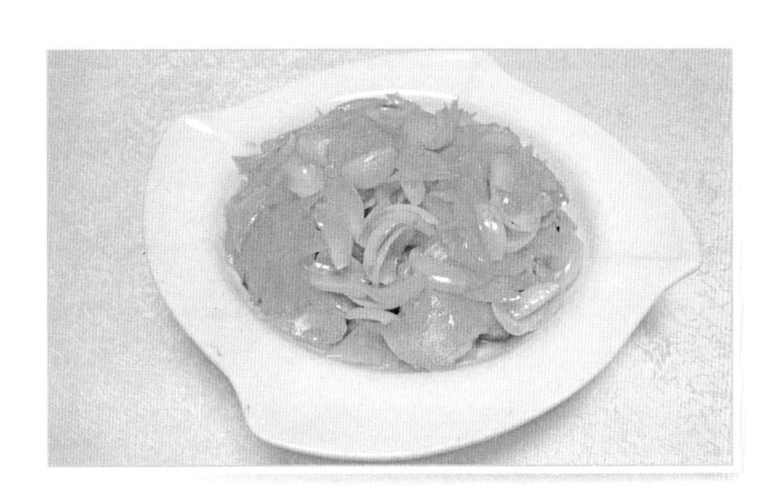

易操作指数 ★★★★★

食材选择

西芹 300 克，鲜百合 1 个，食用油、精盐、生抽、葱、蒜、鸡精各适量。

制作过程

01 西芹洗净后抽出老筋，切成斜段。鲜百合洗净掰成小片。

02 锅里放水烧开，加入少量食用油和精盐，分别放入西芹和百合焯 10 秒钟，捞出用冷水冲凉，沥干备用。

03 炒锅放油烧热，放入葱末、蒜末爆香，加入西芹、百合旺火翻炒 1 分钟，加入精盐、生抽、鸡精调味，即可盛出。

功　　效

减脂降压，宁心安神。

饕餮解读

芹菜含有降压成分以及大量的胶质性碳酸钙、钾、水分和膳食纤维。膳食纤维能促进胃肠蠕动，促进新陈代谢。另外，西芹含有特殊的化学物质，能使脂肪加速分解、消失。

百合主要含生物素、秋水仙碱以及多种微量元素。秋水仙碱对免疫抑制剂环磷酰胺引起的白细胞减少症有预防作用，能升高血细胞，防癌抗癌。

72 素烧西兰花

易操作指数 ★★★★★

食材选择 西兰花400克，胡萝卜50克，食用油、精盐、葱、蒜、鸡精、生抽、蚝油、胡椒粉、水淀粉各适量。

制作过程

01 西兰花洗净掰成小块。胡萝卜去皮洗净，切成薄片。

02 锅内加水烧开，放少许食用油、精盐，下入西兰花焯2分钟，捞出用冷水冲凉，沥干备用。

03 炒锅放油烧热，放入葱末、蒜末爆香，倒入西兰花和胡萝卜片翻炒片刻，加少许水焖2分钟，放入精盐、鸡精、生抽、胡椒粉、蚝油调味，再用少量水淀粉勾薄芡淋上，芡沸后即可盛盘。

功　　效 减肥纤体，降压降脂。

饕餮解读

西兰花富含蛋白质、胡萝卜素、维生素B_1、维生素B_2和维生素C以及多种矿物质，其中维生素C含量特别高，维生素C能够促进消化吸收，促进脂肪的代谢，减脂纤体。

胡萝卜含有槲皮素、山奈酚等，能增加冠状动脉血流量，降低血脂，促进肾上腺素的合成，因而有降压降脂的作用。

73 爽脆西芹

易操作指数 ★★★★★

食材选择 西芹 250 克，精盐、白醋、蜂蜜、香油、冰块各适量。

制作过程

01 西芹洗净去皮去筋，切成薄片。

02 将冰块和水放入碗中制成冰水，倒入西芹，放进冰箱冷藏半小时后，捞出西芹沥干水分装盘。

03 碗内放入精盐、白醋、蜂蜜、香油，搅拌均匀。将兑好的调味汁淋在西芹上，拌匀即可。

功　效 减脂降压，利湿消肿。

饕餮解读 芹菜含有酸性降压成分，以及一定的利尿成分，并且还含有大量的胶质性碳酸钙、钾和膳食纤维。膳食纤维能促进胃肠蠕动，加速新陈代谢。另外，西芹能使脂肪加速分解、消失。

74 芹菜腐竹土豆丝

易操作指数 ★★★★★

食材选择

腐竹 200 克，芹菜 200 克，土豆半个，食用油、精盐、醋、白糖、香油、鸡精各适量。

制作过程

01 腐竹用温水泡发，切成小段。芹菜洗净去叶，切成小段。土豆去皮切成丝，放入凉水浸泡 10 分钟。

02 锅内倒水烧开，加入少量食用油、精盐，分别将芹菜、腐竹、土豆焯 1 分钟，盛出用冷水冲凉，沥干装盘。

03 碗内加入精盐、醋、白糖、香油、鸡精，搅拌均匀。把兑好的调味汁淋在菜上，拌匀即可。

功　　效

清热降压，减脂纤体。

饕餮解读

腐竹富含蛋白质、卵磷脂、铁以及其他多种矿物质元素。卵磷脂能除掉附在血管壁上的胆固醇，有减脂功效。

芹菜含有酸性的降压成分，大量的胶质性碳酸钙、钾和膳食纤维。膳食纤维能促进胃肠蠕动，加速新陈代谢。另外，芹菜还有清热解毒的功效。

75 芹菜焖豌豆

易操作指数 ★★★★★

食材选择

芹菜 1 根，豌豆 200 克，五花肉 50 克，食用油、精盐、甜面酱、鸡精、葱、姜、蒜、生抽、蚝油各适量。

制作过程

01 芹菜去叶洗净，切成小段。豌豆洗净备用。五花肉剁成肉末，用蚝油、生抽抓匀。

02 锅内放水烧热，加入少量食用油、精盐，倒入芹菜、豌豆焯至五成熟，捞出用冷水过凉，沥干备用。

03 炒锅放油烧热，放葱花、蒜末、姜片爆香，下五花肉末炒出香味，倒入芹菜翻炒片刻，加入豌豆继续翻炒 1 分钟，倒入两勺甜面酱和少许水，旺火烧开后小火焖 2 分钟，加入精盐、鸡精、生抽、蚝油调味即可。

功　　效

降压平肝，减脂纤体。

饕餮解读

芹菜含有丰富的蛋白质、粗纤维、碳水化合物、胡萝卜素、钙、磷、铁、钠等矿物质元素，能平肝清热、祛风利湿、解毒宣肺、清肠利便、润肺止咳、降低血压。另外，芹菜含有一种化学物质能刺激体内脂肪消耗，减少脂肪和胆固醇的吸收，有极佳的减肥效果。

76 芹菜胡萝卜碎

易操作指数 ★★★★★

食材选择

芹菜200克，胡萝卜1根，五花肉50克，食用油、精盐、葱、蒜、生抽、蚝油、鸡精各适量。

制作过程

01 芹菜去叶留茎，洗净后切成丁。胡萝卜去皮洗净切成丁。五花肉剁成肉末，用生抽、蚝油腌10分钟。

02 炒锅倒油烧热，放入葱末、蒜末爆香，加入肉末翻炒。待肉末炒出香味，倒入胡萝卜翻炒2分钟，再加入芹菜继续翻炒片刻，倒入少量水。水沸以后稍焖片刻，加入精盐、生抽、蚝油、鸡精调味，即可出锅。

功　　效

降压降脂，通便减肥。

饕餮解读

芹菜含有酸性的降压成分，还含有大量的胶质性碳酸钙、钾、水分和膳食纤维。膳食纤维能促进胃肠蠕动，促进新陈代谢。另外，芹菜还含有特殊的化学物质，能使脂肪加速分解、消失。

胡萝卜含有丰富的胡萝卜素、植物纤维以及多种矿物质，植物纤维可促进肠道蠕动，通便减肥。

77 胡萝卜丝炒青蒜

易操作指数 ★★★★★

食材选择 胡萝卜1个，青蒜2根，五花肉50克，食用油、精盐、葱、蒜、生抽、蚝油、鸡精各适量。

制作过程

01 胡萝卜洗净去皮切成丝。青蒜洗净后切成细丝。五花肉剁成肉末，用生抽、蚝油抓匀，腌制10分钟。

02 炒锅倒油烧热，下入葱末、蒜末爆香，倒入五花肉末炒散，再加入胡萝卜丝旺火翻炒。待胡萝卜丝变软时，加入青蒜丝翻炒片刻，加入精盐、生抽、蚝油、鸡精调味即可。

功　　效 降压降脂，减肥纤体。

饕餮解读 胡萝卜含有槲皮素、山奈酚等，能增加冠状动脉血流量，降低血脂，促进肾上腺素的合成，因而有降压降脂的作用。

78 芹菜拌三丝

易操作指数 ★★★★★

食材选择

芹菜 200 克，香干 2 块，胡萝卜半根，食用油、精盐、生抽、醋、花椒油、辣椒油、熟白芝麻、白糖各适量。

制作过程

01 芹菜去叶去筋，洗净后切成细丝。香干洗净后先横着切成薄片，再切成细丝。胡萝卜洗净后去皮切成细丝。

02 锅内放水烧开，加入少量食用油、精盐，倒入芹菜丝、香干丝、胡萝卜丝焯 1 分钟，捞出后用冷水过凉，沥干盛盘。

03 碗内放精盐、生抽、醋、白糖、花椒油、辣椒油、熟白芝麻，搅拌均匀。将兑好的调味汁淋在菜上，拌匀即可。

功　　效

减脂纤体，降压排毒。

饕餮解读

芹菜有降压的作用，还含有大量的胶质性碳酸钙、钾、水分和膳食纤维。膳食纤维能促进胃肠蠕动，加速新陈代谢。另外，芹菜还含有特殊的化学物质，能使脂肪加速分解、消失。

香干营养丰富，含有大量蛋白质、碳水化合物，还含有钙、磷、铁等多种矿物质元素。

胡萝卜含有丰富的胡萝卜素、植物纤维以及多种矿物质。植物纤维可促进肠道蠕动，通便减肥。胡萝卜素能益肝明目。

79 胡萝卜干贝蘑菇

易操作指数 ★★★★★

食材选择

蘑菇200克，干贝50克，胡萝卜1根，五花肉50克，食用油、精盐、葱、姜、料酒、生抽、鸡精、胡椒粉、水淀粉各适量。

制作过程

01 蘑菇洗净撕成条状。干贝用温水泡发，用蒸锅大火蒸熟，放凉后撕成丝状。胡萝卜洗净后去皮切成薄片。五花肉剁成肉末，用料酒、生抽、胡椒粉抓匀。

02 炒锅放油烧热，爆香葱、姜，放入肉末炒香，倒入蘑菇翻炒片刻，加入半碗水，再倒入胡萝卜片、干贝丝，大火煮开后再小火焖5分钟，加入精盐、料酒、生抽、鸡精、胡椒粉调味，用水淀粉勾薄芡淋上，芡煮沸即可。

功　　效

降压降脂，减脂纤体。

饕餮解读

蘑菇含有丰富的蛋白质、氨基酸、膳食纤维和矿物质等。可溶性膳食纤维能溶解在液体中，能有效地减慢食物在胃里吸收和消化的速度，延长饱腹感，对减肥有很大帮助。

胡萝卜含有槲皮素、山奈酚等，能增加冠状动脉血流量，降低血脂，促进肾上腺素的合成，因而有降压降脂的作用。

香干拌芹菜叶

易操作指数 ★★★★★

食材选择

芹菜叶 100 克，香干 100 克，精盐、葱、蒜、鸡精、香油、蚝油、生抽、醋各适量。

制作过程

01 芹菜叶子洗净。

02 炒锅放水烧开，加入少量精盐，放入芹菜叶焯 5 秒钟后捞出，用冷水过凉，挤干水分，切成末。香干放沸水中烫一下捞出，切成小块。

03 将芹菜末、香干放在盘中，加入适量精盐、葱末、蒜末、鸡精、香油、蚝油、生抽、醋，拌匀即可。

功　　效

平肝降压，减脂纤体。

饕餮解读

芹菜含有丰富的蛋白质、粗纤维、碳水化合物、胡萝卜素、钙、磷、铁、钠等矿物质元素，能平肝清热、祛风利湿、解毒宣肺、清肠利便、润肺止咳、降低血压。另外，芹菜含有高纤维，经肠内消化作用能产生一种木质素或肠内脂的物质，可以加快粪便在体内的运转时间，通便消脂。

香干营养丰富，含有大量蛋白质、碳水化合物，还含有钙、磷、铁等多种矿物质元素。

81 香干炒芹菜

易操作指数 ★★★★★

食材选择

芹菜 200 克，香干 3 块，食用油、精盐、葱、蒜、姜、鸡精、酱油各适量。

制作过程

01 芹菜去叶留茎洗净，切成小段。香干洗净切成条状。

02 锅内放水烧热，加入少量食用油、精盐，倒入芹菜焯至变色，捞出用冷水过凉，沥干备用。

03 炒锅放油烧热，放入葱花、蒜末、姜片爆香，倒入香干翻炒至微焦，加入芹菜翻炒片刻，加入适量精盐、鸡精、酱油调味即可。

功　　效

降压平肝，减脂纤体。

饕餮解读

芹菜含有丰富的蛋白质、粗纤维、碳水化合物、胡萝卜素、钙、磷、铁、钠等矿物质元素，能平肝清热、祛风利湿、解毒宣肺、清肠利便、润肺止咳、降低血压。另外，芹菜还含有一种化学物质能刺激体内脂肪消耗，减少脂肪和胆固醇的吸收，有极佳的减肥效果。

西芹苦瓜

易操作指数 ★★★★★

食材选择 西芹200克，苦瓜100克，食用油、精盐、葱、蒜、生抽、白糖、鸡精各适量。

制作过程

01 西芹去叶留茎，洗净后斜切成薄片。苦瓜竖剖成两半，去瓤去籽，再斜切成片。

02 锅内放水烧热，加入少量食用油、精盐，分别倒入苦瓜片、西芹片焯至变色，捞出用冷水过凉，沥干备用。

03 炒锅放油烧热，放入葱花、蒜末爆香，倒入苦瓜片翻炒片刻，再倒入西芹片继续翻炒至熟，加入精盐、生抽、白糖、鸡精调味，炒匀即可。

功　　效 降压平肝，减脂纤体。

饕餮解读

苦瓜中含有苦瓜苷、苦味素、维生素C和高能清脂素。苦瓜苷和苦味素能健脾开胃，维生素C能增强抵抗力，高能清脂素被誉为“脂肪杀手”，能阻止脂肪、多糖等高热量大分子物质的吸收。

芹菜含有丰富的蛋白质、粗纤维、碳水化合物、胡萝卜素、钙、磷、铁、钠等矿物质元素，能平肝清热、祛风利湿、解毒宣肺、清肠利便、润肺止咳、降低血压。另外，芹菜还含有一种化学物质能刺激体内脂肪消耗，减少脂肪和胆固醇的吸收，有极佳的减肥效果。

83 紫苏蒸茄子

易操作指数 ★★★★★

食材选择

茄子 400 克，紫苏适量，食用油、精盐、葱、蒜、生抽、蚝油、鸡精、水淀粉各适量。

制作过程

01 茄子洗净切成条，泡在水中。紫苏洗净切成末。

02 将茄子放在盘中，再码上紫苏，把盘子放入蒸锅旺火蒸 10 分钟。

03 炒锅放少许油烧热，爆香葱花、蒜末，加 3 勺水煮开，放入精盐、生抽、蚝油、鸡精调味，再用水淀粉勾薄芡，芡煮沸后浇在茄子上，拌匀即可。

功　　效

减脂纤体，降压降脂。

饕餮解读

茄子有良好的降低高血脂、高血压的功效，还含有丰富的蛋白质、维生素以及钙、磷、铁等多种矿物质元素。茄子纤维中所含的维生素 C 和皂草苷，能降低胆固醇，消除多余脂肪。

84 玫瑰西芹

易操作指数 ★★★★

食材选择

西芹250克，紫甘蓝200克，食用油、精盐、葱、蒜、生抽、鸡精、白糖、醋各适量。

制作过程

01 西芹去叶留茎，切成薄片。紫甘蓝洗净撕成块状。

02 锅内放水烧热，加入少量食用油、精盐，倒入西芹焯2分钟，捞出用冷水过凉，沥干备用。

03 紫甘蓝放入榨汁机中榨成汁，倒入碗内。将西芹放入紫甘蓝汁中浸泡10分钟，捞出码在盘中。

04 碗内放生抽、醋、精盐、葱末、蒜末、鸡精、白糖，搅拌均匀。将兑好的调味汁倒在菜上，拌匀即可。

功　　效

降压平肝，减脂纤体。

饕餮解读

芹菜含有丰富的蛋白质、粗纤维、碳水化合物、胡萝卜素、钙、磷、铁、钠等矿物质元素，能平肝清热、祛风利湿、解毒宣肺、清肠利便、润肺止咳、降低血压。另外，芹菜还含有一种化学物质能刺激体内脂肪消耗，减少脂肪和胆固醇的吸收，有极佳的减肥效果。

紫甘蓝富含的花青素能预防衰老，含有丰富的铁元素能够提高血液中氧气的含量，加速机体对脂肪的燃烧。

第 7 章

抗癌防癌，减肥减不走免疫力

凉拌莴笋

易操作指数 ★★★★★

食材选择

莴笋 1 根，红尖椒 1 根，干辣椒 5 个，食用油、精盐、生抽、醋、白糖、葱、蒜、花椒各适量。

制作过程

01 莴笋去叶去皮，洗净切成细丝。红尖椒洗净切成丝。

02 锅中放水烧开，倒入莴笋丝焯 5 秒钟，捞出用冷水过凉，沥干装盘，再把尖椒丝码在莴笋丝上面。

03 炒锅放油烧热，放入花椒、干辣椒爆香后捞出不用。将凉好的椒油浇在莴笋丝上，再加入适量精盐、生抽、醋、白糖、葱花、蒜末，拌匀即可。

功　效

消食减脂，防癌抗癌。

饕餮解读

莴笋含有大量膳食纤维、维生素和矿物质等，膳食纤维能促进胃肠蠕动，帮助消化。另外，莴笋所含的热水提取物能抑制癌细胞生长，可用来防癌抗癌。

86 豇豆炒洋葱

易操作指数 ★★★★★

食材选择

洋葱半个，豇豆 300 克，食用油、精盐、葱、蒜、鸡精、生抽、花椒各适量。

制作过程

01 豇豆去掉老筋，洗净后切成小段。洋葱剥去最外层枯皮，洗净后切成小块。

02 锅内放水烧热，加入少量食用油、精盐，倒入豇豆焯 5 分钟，捞出用冷水过凉，沥干备用。

03 炒锅放油烧热，放入花椒爆香后捞出不用，再放葱花、蒜末爆香，倒入豇豆大火翻炒片刻，加入洋葱炒至豇豆变熟，加入精盐、生抽、鸡精调味，即可装盘。

功　　效

减脂美体，防癌抗癌。

饕餮解读

洋葱在西方被誉为“蔬菜皇后”，含有丰富的维生素、矿物质以及纤维素等营养物质，其中丰富的硒元素和槲皮素有防癌抗癌作用。

豇豆含碳水化合物、粗纤维、胡萝卜素、维生素 B_1、维生素 B_2、烟酸以及多种矿物质。维生素 B_1 能促进消化腺分泌和胃肠道蠕动，抑制胆碱酶活性。粗纤维有降脂减肥功效。

凉拌菜花

易操作指数 ★★★★★

食材选择

菜花400克，红辣椒半个，食用油、精盐、生抽、辣椒油、花椒油、白糖、鸡精、醋、香葱、姜、蒜、香油各适量。

制作过程

01 菜花洗净，掰成小块。红辣椒洗净，切成小块。

02 炒锅放水烧开，加入少量食用油、精盐，放入菜花焯2分钟，捞出过凉水，沥干装盘，再码上红辣椒。

03 碗内加入生抽、精盐、辣椒油、花椒油、白糖、鸡精、醋、香葱、姜末、蒜末，搅拌均匀。将兑好的调味汁淋在菜上，拌匀即可。

功　　效

排毒减脂，防癌抗癌。

饕餮解读

菜花富含碳水化合物、膳食纤维、维生素和钙、磷、铁等矿物质元素，维生素E能促进血液循环并消减水肿，膳食纤维能促进肠胃蠕动，有利于排毒减脂。另外，菜花还含有丰富的黄酮类物质，能防癌抗癌。

88 鲜蘑圆白菜

易操作指数 ★★★★★

食材选择 圆白菜 400 克，鲜蘑（蘑菇）150 克，食用油、精盐、香葱、姜、蒜、生抽、鸡精、蚝油各适量。

制作过程

01 圆白菜洗净后撕成小块。鲜蘑洗净后撕成小条。

02 锅中放水烧开，加入少量食用油、精盐，放入鲜蘑焯熟，盛出沥干水分。

03 炒锅放油烧热，放入香葱段、姜末、蒜末爆香，倒入圆白菜旺火翻炒到塌秧，加入鲜蘑翻炒片刻，放适量精盐、生抽、鸡精、蚝油调味，即可盛盘。

功　　效 减脂纤体，防癌抗癌。

饕餮解读

圆白菜含有很高的膳食纤维、维生素 C，并含有丰富的果胶及粗纤维。维生素 C 可以缓解感冒症状、消除疲劳。果胶及粗纤维能结合并阻止肠内毒素的吸收，促进排毒，并有防癌抗癌作用。

鲜蘑富含维生素、粗纤维、半粗纤维和木质素以及多种矿物质，有一定的防癌抗癌功效，还可吸收胆固醇和糖分，有降低血脂功效。

苦瓜竹荪煮干丝

易操作指数 ★★★★

食材选择 苦瓜300克，竹荪20克，豆腐皮30克，食用油、精盐、鸡精、奶酪、葱、姜、胡椒粉、水淀粉各适量。

制作过程

01 竹荪用温水泡发，洗净切成段。苦瓜洗净去瓤，切成片。豆腐皮洗净切成丝。

02 炒锅放油烧热，下葱花、姜片炝锅，放入苦瓜翻炒片刻，加入竹荪、豆腐皮同炒半分钟，放入奶酪、水小火焖熟，加入精盐、鸡精、胡椒粉调味，用水淀粉勾薄芡淋上，芡煮沸即可。

功　　效 防癌抗癌，减脂纤体。

饕餮解读 苦瓜中含有苦瓜苷、苦味素、维生素C和高能清脂素。苦瓜苷和苦味素能健脾开胃；维生素C能增强抵抗力；高能清脂素被誉为“脂肪杀手”，能阻止脂肪、多糖等高热量大分子物质的吸收。

竹荪能消炎抗菌，有一定的防癌抗癌作用，并对女性月经不调也有一定的功效。

莴笋洋葱炒木耳

易操作指数 ★★★★★

食材选择 洋葱半个，莴笋 300 克，黑木耳 5 克，食用油、精盐、葱、蒜、鸡精、生抽、花椒各适量。

制作过程

01 莴笋洗净去皮，切成片。洋葱剥去最外层枯皮，洗净切成丝。黑木耳用温水泡发后，撕成小朵。

02 炒锅放油烧热，放入花椒爆香后捞出不用，再放葱花、蒜末爆香，倒入莴笋大火翻炒片刻，加入洋葱、黑木耳炒至变软，再加入精盐、生抽、鸡精调味，即可装盘。

功　　效 防癌抗癌，减脂纤体。

饕餮解读

洋葱在西方被誉为“蔬菜皇后”，含有丰富的维生素、矿物质以及纤维素和精油。精油含有含硫化合物能降低胆固醇，治疗消化不良、食欲不振等症状。纤维素能促进肠道蠕动，减脂纤体，并且洋葱还富含硒元素和槲皮素，有防癌抗癌的功效。

莴笋含有大量植物纤维、维生素和矿物质等。植物纤维能促进胃肠蠕动，帮助消化。另外，莴笋所含的热水提取物能抑制癌细胞生长，可用来防癌抗癌。

91 西兰花扒竹荪

易操作指数 ★★★★

食材选择 西兰花 300 克，竹荪 20 克，食用油、精盐、鸡精、奶酪、葱、姜、胡椒粉、水淀粉各适量。

制作过程

01 竹荪用温水泡发，洗净切成段。西兰花洗净掰成小朵。

02 炒锅放油烧热，用葱花、姜片炝锅，放入西兰花翻炒片刻，加入竹荪同炒半分钟，放入奶酪、水小火焖熟，加入精盐、鸡精、胡椒粉调味，用水淀粉勾薄芡淋上，芡煮沸即可。

功　　效 防癌抗癌，减脂纤体。

饕餮解读 西兰花富含蛋白质、胡萝卜素、维生素 B_1、维生素 B_2 和维生素 C 以及多种矿物质，其中维生素 C 含量特别高，维生素 C 能够促进消化吸收，促进脂肪的代谢，减脂纤体。西兰花还是防癌抗癌的佳品。

竹荪能消炎抗菌，并对女性月经不调有一定功效。

竹笋百合海米汤

易操作指数 ★★★★

食材选择 竹笋300克，新鲜百合150克，海米20克，食用油、精盐、葱、姜、鸡精、香油各适量。

制作过程

01 竹笋去壳洗净切成薄片。百合洗净掰成小瓣待用。海米用温水泡一下。

02 锅内放水烧热，加入少量食用油、精盐，倒入竹笋烫一下，捞出用冷水过凉，沥干备用。

03 炒锅下油烧热，放入葱末、姜末爆香，下入竹笋煸出香味，倒入适量水烧开后，加入百合、海米，大火烧开后再小火煮10分钟，加入适量精盐、鸡精、香油调味。

功　　效 减脂纤体，防癌抗癌。

饕餮解读

竹笋的主要成分是纤维素，能吸附大量的油脂，清除体内脂肪，还可以清除体内的腐败物质，兼有洗肠的功效。

百合主要含生物素、秋水仙碱以及多种微量元素。秋水仙碱对免疫抑制剂环磷酰胺引起的白细胞减少症有预防作用，能升高血细胞，防癌抗癌。

百合双耳拌圆白菜

易操作指数 ★★★★

食材选择 圆白菜200克，黑木耳5克，银耳5克，百合30克，食用油、精盐、葱、蒜、干辣椒、花椒、生抽、醋、鸡精、白糖各适量。

制作过程

01 圆白菜洗净撕成小块。黑木耳、银耳分别用温水泡发后掰成小朵。百合洗净掰成小瓣。

02 锅内放水烧热，加入少量食用油、精盐，倒入黑木耳、银耳焯2分钟，再将圆白菜、百合焯熟，捞出用冷水过凉，沥干码在盘子中。

03 锅内放油烧热，放入干辣椒、花椒煸出香味后捞出不用，再放入葱花、蒜末爆香，即可关火。

04 碗内放入适量精盐、白糖、醋、鸡精、生抽，再倒入凉好的椒油，搅拌均匀，淋在菜上即可。

功　　效 防癌抗癌，减脂纤体。

饕餮解读 圆白菜含有很高的膳食纤维、维生素C，并含有丰富的果胶及粗纤维。维生素C可以缓解感冒症状、消除疲劳。果胶及粗纤维能结合并阻止肠内毒素的吸收，促进排毒，并有防癌抗癌作用。

94 洋葱胡萝卜炒鸡丁

易操作指数 ★★★★★

食材选择

洋葱半个，胡萝卜 1 根，鸡胸肉 100 克，食用油、精盐、葱、蒜、鸡精、生抽、花椒各适量。

制作过程

01 胡萝卜洗净去皮切成菱形。洋葱剥去最外层枯皮后，洗净切成小块。鸡胸肉切成小丁，用生抽抓匀腌一下。

02 炒锅放油烧热，放入花椒爆香后捞出不用，再放葱花、蒜末爆香，倒入鸡丁炒香，放入胡萝卜大火翻炒片刻，加入洋葱炒至变软，再加入适量精盐、生抽、鸡精调味，即可装盘。

功　　效

防癌抗癌，减脂纤体。

饕餮解读

洋葱在西方被誉为“蔬菜皇后”，含有丰富的维生素、矿物质以及纤维素和精油。精油含有含硫化合物能降低胆固醇，治疗消化不良、食欲不振等症状，并有防癌抗癌的功效。纤维素能促进肠道蠕动，减脂纤体。

胡萝卜含有丰富的胡萝卜素和膳食纤维，胡萝卜素在人体内可以转变为维生素 A，有助于增强人体免疫功能，防癌抗癌。膳食纤维可以增强肠道蠕动，促进通便排毒。

95 芥蓝洋葱炒豆腐丝

易操作指数 ★★★★★

食材选择 洋葱半个，芥蓝200克，豆腐皮50克，食用油、精盐、葱、蒜、鸡精、生抽、花椒各适量。

制作过程

01 芥蓝洗净切成段。洋葱剥去最外层枯皮，洗净切成丝。豆腐皮洗净切成丝。

02 锅内放水烧热，加入少量食用油、精盐，倒入芥蓝焯1分钟，捞出用冷水过凉，沥干备用。

03 炒锅放油烧热，放入花椒爆香，捞出花椒不用，再放葱花、蒜末爆香，倒入洋葱大火翻炒，加入芥蓝、豆腐丝翻炒片刻，加入适量精盐、生抽、鸡精调味，即可装盘。

功　　效 防癌抗癌，减脂纤体。

饕餮解读

洋葱在西方被誉为“蔬菜皇后”，含有丰富的维生素、矿物质以及纤维素和精油。精油含有含硫化合物，能降低胆固醇，治疗消化不良、食欲不振等症状，并有防癌抗癌的功效。纤维素能促进肠道蠕动，减脂纤体。

芥蓝含有丰富的维生素和纤维素。纤维素能减少肠壁脂肪的堆积，通便消脂。

爽口双耳洋葱

易操作指数 ★★★★★

食材选择

洋葱200克，黑木耳5克，银耳5克，食用油、精盐、葱、蒜、干辣椒、花椒、生抽、醋、鸡精、白糖各适量。

制作过程

01 洋葱剥去最外层枯皮洗净切成细丝。黑木耳、银耳分别用温水泡发，洗净后撕成小块。

02 锅内放水烧热，加入少量食用油、精盐，倒入黑木耳、银耳焯2分钟，再将洋葱烫一下，捞出用冷水过凉，沥干码在盘子中。

03 锅内放油烧热，放入干辣椒、花椒煸出香味后，捞出不用，再放入葱花、蒜末爆香，即可关火。

04 碗内放入适量精盐、白糖、醋、鸡精、生抽，再倒入凉好的椒油，搅拌均匀。将兑好的调味汁淋在盘中，拌匀即可。

功　　效

防癌抗癌，减脂纤体。

饕餮解读

洋葱在西方被誉为“蔬菜皇后”，含有丰富的维生素、矿物质以及纤维素和精油。精油含有含硫化合物，能降低胆固醇，治疗消化不良、食欲不振等症状，并有防癌抗癌的功效。纤维素能促进肠道蠕动，减脂纤体。

黑木耳富含铁、维生素 K、胶质等物质，胶质能清胃洗肠。

银耳富含维生素 D、海藻糖、氨基酸、膳食纤维以及多种矿物质，膳食纤维能减少脂肪的吸收。

清炒洋葱苤蓝

易操作指数 ★★★★★

食材选择 洋葱半个，苤蓝 1 个，食用油、精盐、葱、蒜、鸡精、生抽各适量。

制作过程

01 苤蓝去皮，洗净切成丝。洋葱剥去最外层枯皮，洗净切成丝。

02 炒锅放油烧热，放入葱花、蒜末爆香，倒入苤蓝翻炒片刻，加入洋葱丝继续翻炒至软，加适量精盐、鸡精、生抽调味，炒匀即可。

功　　效 防癌抗癌，减脂纤体。

饕餮解读

洋葱在西方被誉为“蔬菜皇后”，有防癌抗癌的功效，还含有丰富的维生素、矿物质以及纤维素和精油。精油含有含硫化合物，能降低胆固醇，治疗消化不良、食欲不振等症状。纤维素能促进肠道蠕动，减脂纤体。

苤蓝富含钾、维生素 C、维生素 E，并含有大量的水和膳食纤维，能宽肠通便，消脂排毒。

98 紫甘蓝洋葱炒腐竹

易操作指数 ★★★★★

食材选择

洋葱半个，紫甘蓝 200 克，腐竹 50 克，食用油、精盐、葱、蒜、鸡精、生抽、花椒各适量。

制作过程

01 紫甘蓝洗净切成小块。洋葱剥去最外层枯皮，洗净切成块。腐竹用温水泡发。

02 锅内放水烧热，加入少量食用油、精盐，倒入紫甘蓝、腐竹焯 2 分钟，捞出用冷水过凉，沥干备用。

03 炒锅放油烧热，放入花椒爆香后捞出不用，再放葱花、蒜末爆香，倒入洋葱大火翻炒，再加入紫甘蓝、腐竹翻炒片刻，加入适量精盐、生抽、鸡精调味，即可装盘。

功　　效

防癌抗癌，减脂纤体。

饕餮解读

洋葱在西方被誉为“蔬菜皇后”，有防癌抗癌的功效，还含有丰富的维生素、矿物质以及纤维素和精油。精油中的含硫化合物，能降低胆固醇，治疗消化不良、食欲不振等症状。纤维素能促进肠道蠕动，减脂纤体。

腐竹富含蛋白质、卵磷脂、铁以及其他多种矿物质元素。卵磷脂能除掉附在血管壁上的胆固醇，有减脂功效。

洋葱木耳炒鸡蛋

易操作指数 ★★★★★

食材选择

洋葱1个，红彩椒（红柿子椒）半个，黑木耳5克，鸡蛋2个，食用油、精盐、葱各适量。

制作过程

01 洋葱剥去最外层枯皮后，洗净切成丝。红彩椒洗净切成块状。黑木耳用温水泡发撕成小朵。鸡蛋打散搅成蛋液，加适量精盐和少许清水搅匀。

02 炒锅放油烧热，倒入蛋液炒熟盛出。锅内再放油，放入葱花炝锅，倒入洋葱丝、红彩椒、黑木耳翻炒片刻，加入炒好的鸡蛋，倒入少量水再翻炒片刻，加适量精盐调味即可。

功　　效

防癌抗癌，减脂纤体。

饕餮解读

洋葱在西方被誉为“蔬菜皇后”，有防癌抗癌的作用，还含有丰富的维生素、矿物质以及纤维素和精油。精油中的含硫化合物能降低胆固醇，治疗消化不良、食欲不振等症状。纤维素能促进肠道蠕动，减脂纤体。

黑木耳富含铁、维生素K、胶质等物质，胶质能清胃洗肠。

100 双菇凉瓜丝

易操作指数 ★★★★★

食材选择

苦瓜（凉瓜）150 克，香菇 100 克，蘑菇 100 克，食用油、姜、酱油、白糖、香油各适量。

制作过程

01 凉瓜去瓤去籽，洗净顺丝切成细丝。香菇、蘑菇切去尾端洗净，切成丝。

02 油爆姜丝后，加入凉瓜丝、香菇丝、蘑菇丝及精盐，一同炒至凉瓜丝变软，加入酱油、白糖、香油调味，炒匀即可食用。

功　　效

瘦身纤体，防癌抗癌。

饕餮解读

苦瓜中含有苦瓜苷、苦味素、维生素 C 和高能清脂素。苦瓜苷和苦味素能健脾开胃；维生素 C 能增强抵抗力；高能清脂素被誉为“脂肪杀手”，能阻止脂肪、多糖等高热量大分子物质的吸收。

蘑菇含有丰富的蛋白质、氨基酸、膳食纤维和矿物质等。可溶性膳食纤维能溶解在液体中，形成高黏度的物质，包裹在食物的表面，能有效地减慢食物在胃里吸收和消化的速度，延长饱腹感，对减肥很有利。

香菇是高蛋白、低脂肪、多种氨基酸和维生素，能降压降脂，防癌抗癌。

多彩银芽

易操作指数 ★★★★★

食材选择

豆芽200克，黄柿子椒50克，莴笋50克，胡萝卜50克，食用油、精盐、葱、蒜、醋、白糖、生抽、花椒、干辣椒各适量。

制作过程

01 莴笋、胡萝卜洗净去皮，切成丝。黄柿子椒洗净切丝。豆芽掐去头尾，洗净沥干。

02 锅内放水烧热，加入少量食用油、精盐，分别倒入豆芽、黄柿子椒、莴笋丝、胡萝卜丝焯至变软，捞出用冷水过凉，沥干码在盘中。

03 炒锅放油烧热，倒入花椒、干辣椒爆香后捞出不用，将椒油放凉后淋在盘中。碗内放生抽、醋、精盐、葱末、蒜末、白糖，搅拌均匀，淋在菜上即可。

功　　效

防癌抗癌，减脂纤体。

饕餮解读

豆芽富含大量的维生素C，能清除血管壁中的胆固醇和脂肪的堆积、防止心血管病变的作用。另外，绿豆芽中还有丰富的维生素B_2和大量的膳食纤维，可以预防便秘和消化道癌等。

莴笋含有大量植物纤维、维生素和矿物质等，植物纤维能促进胃肠蠕动，促进消化。另外，莴笋所含的热水提取物能抑制癌细胞生长，可用来防癌抗癌。

102 炝炒洋葱豌豆苗

易操作指数 ★★★★★

食材选择 洋葱半个，豌豆苗300克，食用油、精盐、葱、蒜、鸡精、生抽、花椒各适量。

制作过程

01 豌豆苗洗净，沥干水分备用。洋葱剥去最外层枯皮，洗净切成丝。

02 炒锅放油烧热，放入花椒爆香，捞出花椒不用，再放葱花、蒜末爆香，倒入洋葱大火翻炒，再加入豌豆苗翻炒至软，加入精盐、生抽、鸡精调味，即可装盘。

功　　效 防癌抗癌，减脂纤体。

饕餮解读

洋葱在西方被誉为“蔬菜皇后”，有防癌抗癌的功效，含有丰富的维生素、矿物质以及纤维素和精油。精油中的含硫化合物能降低胆固醇，治疗消化不良、食欲不振等症状。纤维素能促进肠道蠕动，减脂纤体。

豌豆苗含有粗纤维、胡萝卜素、抗坏血酸、核黄素和多种氨基酸，营养丰富。粗纤维能促进肠道蠕动和新陈代谢，有助于减肥纤体。

103 香菇菜花

易操作指数 ★★★★

食材选择

菜花400克，香菇100克，食用油、精盐、葱、蒜、鸡精、生抽、水淀粉各适量。

制作过程

01 菜花洗净掰成小朵。香菇洗净切成小块。

02 锅内放水烧热，加入少量食用油、精盐，倒入菜花、香菇焯至变软，捞出用冷水过凉，沥干备用。

03 锅内放油烧热，放入葱末、蒜末爆香，倒入菜花、香菇翻炒片刻，加入精盐、生抽、鸡精调味，用水淀粉勾薄芡淋上，芡煮沸后即可。

功　效

防癌抗癌，减脂纤体。

饕餮解读

菜花富含碳水化合物、膳食纤维、维生素和钙、磷、铁等矿物质元素，维生素E能促进血液循环并消减水肿，膳食纤维能促进肠胃蠕动，有利于排毒或减脂。另外，菜花还含有丰富的黄酮类物质，能防癌抗癌。

香菇是高蛋白、低脂肪、多种氨基酸和维生素，能降压降脂，防癌抗癌。

104 百合白菜汤

易操作指数 ★★★★★

食材选择 大白菜300克，新鲜百合150克，五花肉50克，食用油、精盐、葱、姜、料酒、酱油、胡椒粉、鸡精、香菜各适量。

制作过程

01 大白菜洗净切成块。百合掰成小瓣洗净待用。将五花肉切成薄片，用酱油、料酒、胡椒粉抓匀。

02 炒锅下油烧热，放入葱、姜爆香，下入五花肉片煸出香味，倒入适量水烧开后，加入白菜、百合，大火烧开后再小火煮10分钟。加入精盐、鸡精、香油调味，即可出锅。

功　　效 防癌抗癌，减肥纤体。

饕餮解读

大白菜含有丰富的粗纤维和维生素C以及钙、磷、铁、锌等多种微量元素。粗纤维能促进肠壁蠕动，稀释肠道毒素，帮助排毒减脂。维生素C以及钙、磷、铁、锌等多种微量元素能提高人体免疫力，强身健体。

百合主要含生物素、秋水仙碱以及多种微量元素，秋水仙碱对免疫抑制剂环磷酰胺引起的白细胞减少症有预防作用，能升高血细胞，防癌抗癌。

105 青椒腐竹拌百合

易操作指数 ★★★★★

食材选择

腐竹200克，鲜百合3个，青柿子椒半个，食用油、精盐、醋、白糖、香油、鸡精各适量。

制作过程

01 腐竹用温水泡发，切成小段。将百合瓣掰下来，洗净备用。青柿子椒洗净撕成小条。

02 锅内倒水烧开，加入少量食用油、精盐，分别将腐竹、百合烫一下，盛出用冷水冲凉，沥干装盘，再将青柿子椒码在腐竹和百合上，备用。

03 碗内加入精盐、醋、白糖、香油、鸡精，搅拌均匀，淋在菜上，拌匀即可。

功　　效

防癌抗癌，减脂纤体。

饕餮解读

腐竹富含蛋白质、卵磷脂、铁以及多种矿物质，卵磷脂能除掉附在血管壁上的胆固醇，有减脂功效。

百合主要含生物素、秋水仙碱以及多种微量元素，秋水仙碱对免疫抑制剂环磷酰胺引起的白细胞减少症有预防作用，能升高血细胞，防癌抗癌。

第8章

美容养血，瘦身也有好气色

菠菜玉米粥

易操作指数 ★★★★★

食材选择 菠菜50克，玉米面50克，精盐、香油各适量。

制作过程

01 菠菜冲洗干净，放沸水锅里稍烫片刻，捞出用冷水冲凉，可以除掉菠菜中80%以上的草酸。将焯过水的菠菜切碎备用。

02 玉米面放入碗中，加入少量冷水搅拌均匀，成糊状。

03 锅中放入适量凉水烧开，放入搅拌均匀的玉米糊。粥旺火煮开后小火再熬6、7分钟，放入菠菜碎煮沸，最后放入少量精盐、香油调味，盛出即可。

功　效 养血补虚，减脂纤体。

饕餮解读

菠菜有养血止血的功效，而且含有丰富的膳食纤维，能促进肠道蠕动，帮助消化。另外，菠菜中含有丰富的胡萝卜素、维生素C及一定量的铁、维生素E等成分，常食菠菜有助健康。

玉米含维生素B_6，能促进脂肪代谢，降低血液中的胆固醇。

107 菠菜拌海蜇皮

易操作指数 ★★★★★

食材选择

菠菜 200 克，海蜇皮 200 克，食用油、精盐、葱、蒜、鸡精、生抽、醋、蚝油各适量。

制作过程

01 菠菜洗净切段。海蜇皮洗净。

02 锅内放水烧热，加入少量食用油、精盐，倒入菠菜烫至变色，捞出用冷水过凉，沥干码在盘中。将海蜇皮放入沸水中焯 2 分钟，捞出过凉水，沥干码在菠菜上。

03 碗内放入葱花、蒜末、鸡精、生抽、醋、蚝油，搅拌均匀，淋在菜上，再拌匀即可。

功　　效

养血补虚，减脂纤体。

饕餮解读

菠菜有养血止血的功效，并且含有丰富的膳食纤维，能促进肠道蠕动，帮助消化。另外，菠菜中含有丰富的胡萝卜素、维生素 C 及一定量的铁、维生素 E 等成分，常食菠菜有助健康。

海蜇皮含有类似于乙酰胆碱的物质，可以扩张血管，降低血压。海蜇皮还能去尘积，清肠胃。

彩椒姜汁拌菠菜

易操作指数 ★★★★★

食材选择

菠菜400克，姜半块，红彩椒半个，食用油、精盐、鸡精、花椒油、蒜、生抽、醋、香油、白糖各适量。

制作过程

01 菠菜洗净切成小段。姜去皮剁成姜泥。红彩椒洗净切成丝。

02 锅内倒水烧开，加入少许食用油、精盐，将菠菜段、红彩椒放入沸水中焯10秒钟，捞出用冷水冲凉，并挤干水分装盘。

03 碗内放入精盐、鸡精、花椒油、蒜末、生抽、醋、香油、白糖，搅拌均匀，再加入姜泥，一起淋在盘中，再拌匀即可。

功　　效

养颜补血，减脂纤体。

饕餮解读

菠菜含有丰富的膳食纤维、维生素C、胡萝卜素、蛋白质，以及铁、钙、磷等矿物质元素。膳食纤维能促进肠道蠕动，利于排便，减脂纤体；而且菠菜还含有铁质，能补血养颜。

109 苦瓜腐竹拌银耳

易操作指数 ★★★★★

食材选择

腐竹 200 克，苦瓜 1 根，银耳 5 克，食用油、精盐、醋、白糖、香油、鸡精各适量。

制作过程

01 腐竹用温水泡发，切成小段。苦瓜洗净去瓤切成薄片。银耳用温水泡发。

02 锅内倒水烧开，加入少量食用油、精盐，分别将腐竹、苦瓜、银耳烫一下，盛出用冷水冲凉，沥干装盘。

03 碗内加入精盐、醋、白糖、香油、鸡精，搅拌均匀。将兑好的调味汁淋在菜上，拌匀即可。

功　　效

养血美容，减脂纤体。

饕餮解读

腐竹富含蛋白质、卵磷脂、铁以及其他多种矿物质元素。卵磷脂能除掉附在血管壁上的胆固醇，有减脂功效。

苦瓜中含有苦瓜苷、苦味素、维生素 C 和高能清脂素。苦瓜苷和苦味素能健脾开胃；维生素 C 能增强抵抗力；高能清脂素被誉为“脂肪杀手”，能阻止脂肪、多糖等高热量大分子物质的吸收。苦瓜还有养血、养颜的功效。

110 炫彩苦瓜

易操作指数 ★★★★★

食材选择 苦瓜1根，玉米粒50克，干百合5克，食用油、精盐、葱、蒜、鸡精、胡椒粉各适量。

制作过程

01 苦瓜洗净后竖着对半剖开，去瓤去籽切成片。干百合用温水泡发。玉米粒洗净备用。

02 锅内放水烧热，加入少量食用油、精盐，分别倒入玉米粒、百合、苦瓜焯2分钟，捞出用冷水过凉，沥干备用。

03 锅内放油烧热，放入葱末、蒜末爆香，倒入苦瓜翻炒片刻，加入玉米粒、百合一同翻炒至熟，加精盐、鸡精、胡椒粉调味即可。

功　　效 养血美容，减脂纤体。

饕餮解读 苦瓜中含有苦瓜苷、苦味素、维生素C和高能清脂素。苦瓜苷和苦味素能健脾开胃；维生素C能增强抵抗力；高能清脂素被誉为“脂肪杀手”，能阻止脂肪、多糖等高热量大分子物质的吸收。苦瓜还有养颜嫩肤、养血美容的功效，常吃可使皮肤更加细嫩健美。

111 百合木瓜煲绿豆

易操作指数 ★★★★

食材选择 鲜百合 1 个，绿豆 50 克，木瓜 200 克，冰糖适量。

制作过程

01 绿豆用水泡 1 小时。鲜百合剥成小片洗净。木瓜去皮去籽，洗净切成小块。

02 砂锅放清水、绿豆，大火煮开后转小火炖 2 小时，加入木瓜块、百合、冰糖，再炖 10 分钟即可。

功　　效 美容养颜，减脂纤体。

饕餮解读

木瓜含有木瓜蛋白酶、番木瓜碱、维生素 C、酵素以及多种氨基酸，可促进人体新陈代谢，达到美容养颜和延缓衰老的功效，酵素还能帮助分解肉食，有助于减脂纤体。

绿豆含有丰富的无机盐、维生素和多种矿物质，能清热解毒。

百合能养心安神，润肺止咳。

112 黑木耳炒山药

易操作指数 ★★★★★

食材选择 黑木耳5克，山药300克，红彩椒半个，食用油、精盐、鸡精、葱、蚝油、水淀粉、白糖各适量。

制作过程

01 黑木耳用温水泡发，去掉杂质后撕成小块。山药去皮后，洗净切成小片。红彩椒洗净切成小块。

02 锅中放水烧开，加入少量食用油、精盐，倒入山药焯5分钟，捞出，倒入黑木耳焯1分钟，捞出，分别用冷水过凉，沥干水分备用。

03 炒锅放油烧热，放葱花爆香，倒入山药和黑木耳、红彩椒翻炒片刻，加入精盐、鸡精、蚝油、白糖调味，最后用水淀粉勾薄芡淋上，芡煮沸即可装盘。

功　效 养血美容，减脂纤体。

饕餮解读

黑木耳富含铁、维生素K、维生素E、胶质等物质，胶质能清胃洗肠，维生素E能美白肌肤，铁质可养颜补血。

山药含有丰富的蛋白质、维生素、纤维素、薯蓣皂等物质。薯蓣皂有利于女性荷尔蒙合成，能滋阴补阳、增强新陈代谢。纤维素能促进肠道蠕动，减脂纤体。

113 菠菜蘑菇干丝汤

易操作指数 ★★★★★

食材选择 菠菜 200 克，蘑菇 200 克，豆腐皮 50 克，五花肉 50 克，食用油、精盐、鸡精、生抽、蚝油、胡椒粉、香菜各适量。

制作过程

01 菠菜洗净切成段。蘑菇洗净撕成条状。五花肉剁成肉末，用生抽、蚝油腌 10 分钟。豆腐皮洗净切成丝。

02 锅内放水烧热，加入少量食用油、精盐，倒入菠菜烫一下，捞出用冷水过凉，沥干备用。

03 砂锅放水烧开，放入蘑菇、菠菜、干丝、肉末，旺火烧开后转小火煮 2 分钟，加入精盐、鸡精、胡椒粉调味，出锅时再洒少许香菜末。

功　　效 养血美容，减肥纤体。

饕餮解读

菠菜含有丰富的植物粗纤维，能促进肠道蠕动，帮助消化。另外，菠菜中含有丰富的胡萝卜素、维生素 C 及一定量的铁、维生素 E 等成分，常食菠菜有助健康，并有养血美容的功效。

蘑菇含有丰富的蛋白质、氨基酸、膳食纤维和矿物质等。可溶性膳食纤维能溶解在液体中，形成高黏度的物质，包裹在食物的表面，能有效地减慢食物在胃里吸收和消化的速度，延长饱腹感，对减肥有很大帮助。

苦瓜草菇烩牛百叶

易操作指数 ★★★★★

食材选择

苦瓜300克，草菇100克，水发牛百叶200克，食用油、精盐、葱、姜、蒜、鸡精、生抽、水淀粉各适量。

制作过程

01 苦瓜对半剖开，去瓤后洗净切成片。草菇洗净后切成小块。牛百叶洗净后切成条状。

02 锅内放水烧热，加入少量食用油、精盐，分别倒入草菇、苦瓜焯至五成熟，再将牛百叶在沸水中烫一下，捞出用冷水过凉，沥干备用。

03 锅内放油烧热，放入葱末、蒜末、姜片爆香，倒入苦瓜翻炒片刻，再加入草菇、牛百叶继续翻炒至熟，加精盐、鸡精、生抽调味，用水淀粉勾薄芡淋上，芡煮沸即可。

功　　效

养血美容，减脂纤体。

饕餮解读

苦瓜中含有苦瓜苷、苦味素、维生素C和高能清脂素。苦瓜苷和苦味素能健脾开胃；维生素C能增强抵抗力；高能清脂素被誉为“脂肪杀手”，能阻止脂肪、多糖等高热量大分子物质的吸收。苦瓜还有养颜嫩肤、养血美容的功效，常吃可使皮肤更加细嫩健美。

草菇富含磷、钾等多种微量元素，含有丰富的纤维素，能促进肠道蠕动，消脂通便。

115 鱼香茭白

易操作指数 ★★★★★

食材选择 茭白 3 根，食用油、精盐、剁椒、酱油、豆瓣酱、葱、姜、蒜、醋、料酒、鸡精、胡椒粉、白糖、水淀粉、香油各适量。

制作过程

01 茭白洗净，切成小段。

02 锅中放水烧开，加入少量食用油、精盐，把茭白倒入焯 1 分钟，捞出用冷水过凉，沥干备用。

03 将剁椒、酱油、豆瓣酱、醋、料酒、鸡精、胡椒粉、白糖、水淀粉加少量水调成鱼香汁，备用。

04 炒锅放油烧热，倒入葱末、姜末、蒜末爆香，加入茭白翻炒 2 分钟，倒入鱼香汁炒匀，淋入香油即可装盘。

功　　效 美肤养颜，减肥纤体。

饕餮解读 茭白富含有机氮、水分、纤维素、豆醇、矿物质以及多种氨基酸。纤维素能促进肠道蠕动，减脂纤体。豆醇能清除体内的活性氧，还可以软化皮肤表面的角质层，美肤养颜。

116 荷塘小炒

易操作指数 ★★★★

食材选择

莲藕200克，胡萝卜50克，荷兰豆50克，山药50克，西芹50克，水发黑木耳30克，食用油、精盐、葱、蒜、鸡精、水淀粉各适量。

制作过程

01 莲藕、胡萝卜、山药去皮，洗净切成薄片。荷兰豆掐去老筋，洗净备用。西芹去掉叶子和老筋，洗净后切成薄片。水发黑木耳洗净后撕成小块。

02 锅内放水烧热，加少许食用油、精盐，倒入莲藕、胡萝卜、荷兰豆、山药、西芹和黑木耳焯1分钟，捞出用冷水过凉，沥干备用。

03 炒锅放油烧热，放入葱末、蒜末爆香，将所有食材倒入锅中，旺火翻炒1分钟，加精盐、鸡精调味，再用水淀粉勾薄芡淋上，芡煮沸即可。

功　　效

养血美容，减脂纤体。

饕餮解读

莲藕富含膳食纤维、蛋白质、维生素和多种矿物质，其中维生素C的含量很高。膳食纤维能够促进肠道蠕动，有助于降低胆固醇，排毒减脂。莲藕还富含铁、钾等微量元素，补血益气，是女性减肥期间的一道美容佳品。

117 酸辣藕丁

易操作指数 ★★★★

食材选择 莲藕1节，红辣椒1个，食用油、精盐、葱、蒜、鸡精、生抽、醋、剁椒各适量。

制作过程

01 莲藕去皮后洗净切成丁，放入冷水中浸泡5分钟，捞出备用。红辣椒洗净切成小块。

02 锅内放水烧热，加入少量食用油、精盐，倒入藕丁焯2分钟，捞出用冷水过凉，沥干备用。

03 锅内放油烧热，放入葱末、蒜末爆香，倒入藕丁翻炒2分钟，加入红辣椒块和剁椒一同翻炒片刻，加入精盐、鸡精、生抽、醋调味，即可装盘。

功　　效 排毒减脂，美容养颜。

饕餮解读 莲藕富含膳食纤维、蛋白质、维生素C和多种矿物质，其中维生素C的含量很高。膳食纤维能够促进肠道蠕动，有助于降低胆固醇，排毒减脂。莲藕还富含铁、钾等微量元素，补血益气，是女性减肥期间的一道美容佳品。

118 柠檬黄瓜

易操作指数 ★★★★★

食材选择 黄瓜 1 根，柠檬 1 个，食用油、精盐、白糖各适量。

制作过程

01 黄瓜洗净切成条。

02 锅内放水烧热，加入少量食用油、精盐，倒入黄瓜条稍烫片刻，捞出用冷水过凉，沥干码在盘子中。

03 柠檬去皮切小块，用榨汁机榨成汁，倒入黄瓜条中，加少量白糖拌匀即可。

功　　效 养颜美容，减脂纤体。

饕餮解读

黄瓜富含维生素 C、胡萝卜素、丙醇二酸及钙、磷、铁等矿物质元素，其中丙醇二酸能抑制糖类物质转化为脂肪。黄瓜中还含有丰富的纤维素，能促进肠道蠕动、加快排泄和降低胆固醇。

柠檬中含有多种维生素成分，还含有有机酸、柠檬酸等，具有很强的抗氧化作用，能够活化肌肤表皮细胞，软化皮肤角质层，对于延缓衰老，防止色素沉着、美白肌肤十分有效。

119 双耳炒菠菜

易操作指数 ★★★★★

食材选择

菠菜 300 克，黑木耳 5 克，银耳 5 克，食用油、精盐、葱、鸡精、胡椒粉各适量。

制作过程

01 黑木耳、银耳分别用温水泡发，撕成小块。菠菜洗净备用。

02 锅内放水烧热，加入少量食用油、精盐，倒入菠菜焯至变色，捞出用冷水过凉，沥干切成小段，再倒入黑木耳、银耳焯 1 分钟。

03 炒锅放油烧热，爆香葱花，放入黑木耳、银耳翻炒片刻，加入菠菜大火翻炒，加少许水，再加入精盐、鸡精、胡椒粉调味，即可装盘。

功　　效

养血美容，减脂纤体。

饕餮解读

菠菜含有丰富的植物粗纤维，能促进肠道蠕动，帮助消化。另外，菠菜中含有丰富的胡萝卜素、维生素 C 及一定量的铁、维生素 E 等成分，有养血止血的功效。

黑木耳富含铁、维生素 K、胶质等物质，胶质能清胃洗肠。

银耳富含维生素 D、海藻糖、氨基酸、膳食纤维以及多种矿物质，膳食纤维能减少脂肪的吸收。

香菇烩菜心

易操作指数 ★★★★★

食材选择

香菇 150 克，菜心 200 克，食用油、精盐、白糖、蚝油、鸡精、水淀粉各适量。

制作过程

01 香菇洗净去蒂。菜心洗净备用。

02 锅内放水烧热，加入少量食用油、精盐，倒入菜心焯 1 分钟，捞出用冷水过凉，沥干码在盘中。

03 炒锅放油烧热，放入香菇炒出香味，倒少许水旺火烧开后，加入精盐、蚝油、白糖、鸡精调味，用水淀粉勾薄芡，待芡煮沸，淋在菜心上即可。

功　　效

养血美容，减脂纤体。

饕餮解读

菜心含有丰富的维生素 C 和膳食纤维，能促进肠道蠕动，减肥降脂。菜心中还含有丰富的铁质，有补血养血的功效。

香菇是高蛋白、低脂肪、多种氨基酸和维生素，能降压降脂，防癌抗癌。